别让
自我设限束缚了你的人生

赵彩霞
—— 著 ——

吉林出版集团股份有限公司

图书在版编目（CIP）数据

别让自我设限束缚了你的人生 / 赵彩霞著. — 长春：
吉林出版集团股份有限公司, 2018.7

ISBN 978-7-5581-5548-2

Ⅰ. ①别… Ⅱ. ①赵… Ⅲ. ①成功心理 – 通俗读物
Ⅳ. ①B848.4-49

中国版本图书馆CIP数据核字（2018）第158239号

别让自我设限束缚了你的人生

著　　者	赵彩霞	
责任编辑	王　平　史俊南	
开　　本	710mm×1000mm　　1/16	
字　　数	260千字	
印　　张	18	
版　　次	2018年10月第1版	
印　　次	2018年10月第1次印刷	
出　　版	吉林出版集团股份有限公司	
电　　话	总编办：010-63109269	
	发行部：010-67208886	
印　　刷	三河市天润建兴印务有限公司	

ISBN 978-7-5581-5548-2　　　　　　　　　　定价：45.00元

CONTENTS 目录

第三章　野心越大，成就就越大

第四章　你不学习，就会被淘汰

第五章　成功者就是胆识加魄力

第六章　向别人推销展示你自己

第一章

你还年轻，
怕什么输赢

{ 不怕输，人生 才有逆转的可能 }

浩子上大学时跟我一个班，在院篮球队里是我的替补。他身体素质很好，人长得又高又帅，可惜就是太懒，球技稀烂，适逢重要比赛，一定全场板凳。他每每赖着队长要上场冲杀一阵，放他上去就是一阵胡搞，要么乱放"三不沾"的三分球，要么抢篮板崴肿了自己的脚脖子。

这还不算，浩子成绩很差，基本属于旷课专业户，倒是谈恋爱、打架、组建网游战队啥的样样精通。

有一天，浩子鬼使神差地跟我讲，班长，现在我混成咱学校老大了啊，要是有人要砍你，吱声啊！

我说，暂时没有，先谢了哈！

浩子说，不客气，自己人，吱声啊，一定吱声！

浩子的命运从大四时发生了急转，整个人就跟打了鸡血似的往前冲。先是球技精进，发愤图强地锻炼身体，紧接着，全年旷课，到社会上组建了一个模特演艺队，自己做经纪人，全国走穴赚银子。

那个时候，浩子经常在半夜三更给我打电话，内容循环往复，大体可以分成三类。

其一是，班长，你猜我今天赚了几万？

其二是，班长，我昨天被追着揍，你猜我被几个人砍？

其三是，班长，学校点名你可一定要帮我顶住！

我通常的回答是，你要平安地回来。你现在的点名可是全勤的，要是回不来，我估计要被学校砍了。还有，尽量早一点，我快顶不住了。

我苦苦地顶了一年，毕业前浩子因为自控成绩不及格的事被学校翻了出来，自控老师硬生生地要把他按住留级。

浩子收到消息，杀气腾腾地赶到学校找自控老师拼命。自控老师曾留学东洋，不但治学严谨，生活、衣着也极像扶桑青年。印象里，大学期间她好像整天穿着丝袜短裙，就算飘雪的冬日，也不忘展示一双不穿裤子的美腿。

浩子说，我找"布川裤子"拼啦！

我说，你淡定点，布川其实人不坏，就是在扶桑多年，人也变得有点儿一根筋，你跟她好好谈谈，兴许还有戏，千万别动手。

我说，记住，绝招是装孙子。

浩子去找布川理论，我等损友守在办公室门口窃听。

浩子苦口婆心、声泪俱下地讲了半天，最后布川轻声地问了一句，假如我放你毕业，你有什么人生理想？

浩子说，我的人生理想就是毕业三年挣足一百万。

"哈哈哈"，办公室里，布川发出地动山摇般的笑声，她让浩子赶快滚蛋，她说，一个连自己干什么吃的都不知道的人，到社会上能有什么用？

你——留级留定了！

这之后，我们毕业，浩子留守，杳无音信。

又过了一年，浩子给我打电话说，他毕业去新疆打CUBA了，赚了几双好球鞋。

又过了一年，浩子给我打电话说，原来大学的球队有人结婚，问我要不要一起随份子。

我说，随吧！你告诉我账号，我打钱给你，浩子说，那点小钱，你甭管了。

又过了两年，浩子打电话说，班长，我随份子的钱，你能不能赶快打给我？

我说，行啊！你在哪儿呢？急吗？

浩子说，急，我在等着赶飞机，你快点，饿死我啦！

此后又过了好几年，我一直没有浩子的消息，直到去年，他来杭州出差，特意租了辆车开到宁波来看我。

浩子好像变了，眼神里不再有戾气，裹在金丝镜框里的大眼睛，跟住上豪宅似的，有股雍容的优柔。

我说，你这几年跑哪儿去了？

他说，我去了哈萨克斯坦。

我说，去干什么啊？

他说，我毕业进了一家管道公司，然后搞工程施工，其实我挺能吃苦的，后来就出国搞建设了。

我说，好啊！我正计划搞毕业十周年同学会，你到时一定要来啊！

浩子说，行啊！同学会我个人要捐点钱出来。不过，要是布川裤子来，我就不去了。

我说，为啥？

浩子说，布川看不上我，认为我不知道自己干啥吃的，我怕她再看见我，对她的人生打击太大。

我说，布川不是特鄙视你的理想吗？你实现了吗？

"理想？"他熟练地推了推金丝眼镜，军统特务一般，一本假正经地说，"三年一百万那个吗？已经超额完成了。"

我说，对了，你在国外待得好好的，干吗要回来？

浩子说，我妈走了，你知道吗？

我一时语塞，定在半空。

浩子说，我妈得的是癌症。

浩子说，我其实出国拼命挣钱，是给我妈做医药费用的。

浩子说，我赶着回国，是因为我知道挣再多的钱也没用了，我要陪我妈走完人生最后一程。

浩子开始慢悠悠地跟我讲解如何在人生的最后岁月里陪伴母亲。这完全不是他在我脑海中的一贯印象，他很淡定，仿佛在诉说别人的故事。他很冷静，抽丝剥茧不带一丝火气地告诉我：他如何烧菜做饭，一勺一勺喂母亲吃；他如何洗衣拖地，一点一点地给母亲擦洗身体。他如何自学按摩，让母亲舒服一点，又如何在母亲小睡的间隙，疯疯癫癫地冲回家看望父亲。

因为是癌症晚期，医院不建议进行手术切除。

父亲很漠然，很犹豫。父亲跟他说，到底做不做手术，由你来定，我已经无法承受了。

浩子听完父亲的话，把自己关在卫生间里，指着镜子中的自己一遍一遍地骂，我为什么这么蠢？为什么下不了决心？日子为什么会这么难？

然后他用头撞墙，抽自己大嘴巴。

然后，他推开窗户，瞪着楼底，掂量着是不是要一把结束这苦难的日子。

然后的然后，他在卫生间清洗了哭红的眼睛，攒着一张笑盈盈的脸，上了发条似的继续烧菜做饭，继续洗衣擦地。

"最后，还是瘦成了一把干柴。"浩子说，"妈妈走得很安静。"

"开追悼会的那一天，想不到医院来了很多人。病友、护士，还有特意请假赶来的主治医生，他们说，没见过我这么孝顺的男人，他们越说，我越哭得厉害。我哭得丧心病狂，很多人都拉不住，索性跟我一起哭起来。"浩子说。

我和浩子坐在江东区新河路上的一家咖啡馆里，午夜一点半，咖啡馆准备打烊。灯光幽暗而昏黄，远远地，服务员开始收拾擦地，我们两个忽然抱头痛哭。

宁波的秋夜很安详，江风穿过法桐的叶子，哗啦啦地像要揉碎这个晚上。

浩子说，别哭了，咱俩加起来快有三米八了吧！

我说，是啊，咱们两个大老爷们儿，别再把人家吓着。

我们从咖啡馆走出来，沿着江边溜达，我说，接下来，你有什么打算？

浩子说，接下来，我要找个好姑娘结婚。

浩子说，我的条件不高，就是有一样，要容得下我爸。结婚以后我要我爸跟我们一块儿住。

浩子终于搭乘一辆出租车，消逝在秋夜的尽头。临走时，他说，你还记得毕业前，咱们打全校"三人制"（篮球）的时候，被三个两米多的大个打得像狗一样吗？

我说，记得，你不是扔进了人生第一个三分球，然后咱们压哨逆转了吗？

浩子说，是啊！扔之前，我就傻乎乎地想，快点结束吧！

我曾经看到过一句诗，"你脚踩的地狱只是天堂的倒影，我唇角的故事终将是时间的灰烬"，浩子的生活正好印证了前一句，而我迫不及待地想把这些记录下来，我想，等到时间化为灰烬，还会有人们在唇角挂记着这些故事。

这绝不是小说，也不仅仅是一个故事。

{ 心中有火，便永远年轻 }

嘿，小子。

很抱歉在这个时候与你在街头相遇。

此刻你正走在人群中，哭得像个傻冒。

对不起，我只能看着你，我不能安慰你，没有人能安慰你。

我知道你刚刚接到一通电话，电话那端，你可爱的女朋友跟你说，我们到此结束。就好像你们的恋情是一辆在马路上疾驰的汽车，你刚刚进入状态，还在畅想着未来，她就直接拉了手刹，把你的豪情壮志直接憋死在发动机里，让你有一种逆精回血的疼痛感。

我也知道，你告别校园，孤身一人来到魔都，周围没有一个朋友，没有一个同学，没有一个熟悉的面孔，你只有你自己。

作为Freshman，你专业不对口，你什么都不会，你只能从头学起。你战战兢兢地在公司打杂，恨不得记下老板说的每一句话。你越是害怕出差错，就越是容易出差错。你每天早上第一个打卡，每天晚上最后一个离开公司。你害怕被人瞧不起，你想尽快上手，你只能把所有的时间和精力都放在工作上。

工作第一个月，你瘦了10斤，一整个月都没有梦遗。

你月薪只有3500元，税后3000元，其中房租1000元。你早饭只敢花2元钱买手抓饼，午饭和晚饭只吃不超过15元的兰州拉面。

即便这样，去掉交通费、网费、电话费……你的工资所剩无几，每个月

20号你钱包已经告急，等着盼着发工资，好犒劳自己一顿，吃一份多加牛肉的拉面。

周末，你拒绝了姑娘去咖啡馆坐坐的邀约，不是你不想泡她，而是你心疼那杯25元钱的咖啡。

你尽可能地逃避所有的聚餐，不是你不合群，而是舍不得人均50块、就像抢钱似的一顿晚餐。

加班到深夜，你打车回去，一路上忐忑地盯着计价器，又要躲避司机轻蔑的眼神，计价器每跳动一下，你的心就跟着抽搐一下。

你忍不住问自己，连车都打不起的人，有什么资格谈论理想？

你在这个城市物质层面上活得没有尊严，你出了校门，第一次意识到钱的重要性。直到女朋友和你说了分手，你觉得在精神层面上，你也变成了弱势群体。

晚上，你蜷缩在10平方米、没有窗户的出租屋里，绝望得像一条发情期找不到伴侣的狗。

我懂你。

你在为你的未来而担忧，你在为你睾丸里储量丰富的精子失去了挚爱的归宿而担忧。

生活似乎对你露出了獠牙，让你懂得那些布满荆棘的道路实际上是吞噬梦想和尊严的沟壑。

你每年工资的涨幅是10%，而这个城市房价的涨幅让你目瞪口呆。终你一生，你的工资只是和房价进行龟兔赛跑。

你想跟女朋友在大城市买一栋房子，安一个家，在这里有一张可以安睡的床。

对不起，这只是一个不切实际的梦，你永远跑不赢通货膨胀。

毕业之后，你本可以在老家过得安安稳稳，你可以有车有房，在老爸老妈给你打好的基础上，轻轻松松地活着。

可是你偏偏年少气盛，被一种叫作"理想"的东西迷住了心窍，你眼里看不到生活里真实的困难，你把一切想象得都过于美好。你唱着"管他山高水又深，也不能阻挡我奔前程"，你踌躇满志，觉得自有理想的少年天下无敌。

直到这个时刻。

你终于开始怀疑。你开始怀疑自己，怀疑自己的能力，怀疑自己来这里的目的。

从相信一切，变成怀疑一切。

你陷入孤独，深邃得就像是黑洞般的孤独。

你不能告诉父母你过得不好，每次打电话你都强颜欢笑。

你害怕周五，因为周五之后就是周末，周末就意味着你要一个人过两天。

你不敢出门，你害怕花钱，你害怕被人瞧不起。

这段日子，你尤其害怕一个人。你唱"为何要有周末，强迫我没事做，时间一旦变多，就会有空想起寂寞"。

你以前觉得一个大男人说寂寞、说孤独真是矫情。

现在你比谁都矫情，你听到情歌都落泪，好像所有的情歌都是在嘲笑你。

你看着马路上飞驰而过、引擎轰鸣的跑车竖起了中指。

你想大声质问，这些富二代为什么就能不劳而获？为什么他们能开跑车，你却只能挤地铁？为什么他们夜夜泡妞，你却只能天天泡面？为什么人家穿阿玛尼，我却只能穿地摊货？你本来就一无所有，为什么连你唯一的女朋友也要离开你？

你觉得这一切不公平。

你觉得命运在戏弄你。

你想要逃离这里，回到你的家乡，找一份说得过去的工作，过上虽然波澜不惊但足够体面的生活。

你生活在二三线城市的同学，都已经买房了，结婚了，儿子都已经骑在脖子上撒尿了。

你呢？

你工资少得可怜，银行没有积蓄，你能养活自己、不找父母要钱、不当啃老族已经谢天谢地了，过年回家你甚至拿不出几千块钱孝敬父母。

你越想越生气。

你二十多岁，在这个到处都是奢侈品的城市里一次性地燃烧自己美好青春，到底是为了什么？

你穿着内裤，躺在床上，生平第一次抽了一根烟，你把烟屁股摁灭在垃圾桶里，然后你决定了。

第二天，你拖着行李步履沉重地走到火车站，买了一张离现在这个时间最近的车票，你恨不得像风一样快地飞回你的家乡。把曾经的理想、失恋的苦闷、生活的不如意都遗弃在大城市的柏油路上。

你走到检票口，看着手里的车票，猛地想起你坐绿皮火车从学校来到魔都的那二十个小时。那时候你想过有一天你会像一条战败的狗一样，逃离这里吗？那时候你哪怕有一秒怀疑过你像个孤胆英雄一样去往大城市奋斗的目的吗？

你没有。

那时候，你心里有光，你什么都不怕，你渴望着心里的光照亮你前行的路。你常挂在嘴边的一句话是，年轻就是资本，输也输得漂亮。

你坐在火车上，吃着一碗泡面，看着玻璃窗外不断后退的树木，你仿佛看到了未来的模样，精彩得就像是小时候的连环画，就像是青春期看到的毛片，就像是第一次看到姑娘的胸脯。

你觉得真过瘾，这才是一个爷儿们应该做的事儿，你想起童年时的那首歌，青春不就是用来赌明天的吗？

所有的心灵鸡汤都在呐喊着别忘了你为什么出发。

那现在呢？

你被生活打败了？

你被前女友的一通分手电话击溃了？

你被大城市里高富帅跑车的轰鸣声吓尿了？

此刻一脸胡子茬儿、站在检票口准备逃走、不敢回头看这个城市一眼的失败者还是你吗？

你怕了？

你还记得你最初的梦想吗？

你觉得自己被当头打了一棒，你猛地停住了，你握紧了手里的车票，愤怒转身，推开人群，夺路而逃。

你耳边又响起了激励你无数次的歌声"拍拍身上的灰尘，振作疲惫的精神"。

你决定了，留下来。

年轻就是资本，输也要输得漂亮。

你对自己说，生活哪有什么胜利可言，挺住就意味着一切。

你要回到这个伤害你的城市，双手擎起你坚硬的理想，就像小时候无数次擎起你的小鸡鸡对天撒尿一样，你要振作起来，重新积蓄力量，准备迎接生活下一次的迎头痛击。

那些困扰你的问题，你突然间找到了答案。

富二代那是老天赏饭吃，哪里值得你羡慕？

工资低只能说明你懒惰、认命、没有把自己逼到非上进不可的悬崖边上。

女朋友离开你，那是因为你还没有足够努力，去把自己变成更好的人。

你说，只能我抛弃这个城市，不能让这个城市抛弃你。

即便很多人都喊着逃离北上广，你也不能走，你不能就这样走。

这才叫牛×。

三年后，我很庆幸，因为你——三年前的自己，挺住了这糟糕的一切，才有了现在沾沾自喜的我，并且一步一步越来越接近最初的理想，就好像上学时一心想要接近班里最美的姑娘。

因为你的坚挺、你的明明已经体无完肤但还是拼命死扛，让我无数次想要放弃的时候，都会猛抽自己一记耳光，警醒自己，伟大都是熬出来的，牛×是做出来的，不经历生活丧心病狂的虐待，怎么配得上令人发指的高潮呢？

我沿着你期望着的未来，带着你留给我的理想，一路狂奔。

路上，被风撕碎了裤衩，被狗咬伤了大腿，被漂亮姑娘射中了膝盖。毫无疑问，这些都只是第一关，前路遥远，还有一大波僵尸即将来袭。

但是，这些都没关系，年少时的自己，就是人生路上最有力量的偶像。偶像给我以力量。

我只要想到，你，一个刚刚从青春期走出来、每个礼拜还梦遗三次的小屁孩都能挺过最黑暗的那些时刻，我要是敢说我不行，猴屁股都会替我脸红。

心中有火，我会永远年轻。

{ 不知何去何从，
不是迷惘是苟且 }

[1]

一早来到办公室，看到平日里元气满满的小美坐在自己位置上，眼睛愣愣地盯着电脑出神。

哎，你怎么啦？一大早没精打采的，神游太空去啦？我开个玩笑打破了沉默。

小美被我突然一叫吓了一跳，转身一看是我，紧绷的神经立马松懈下来。

没什么，就是心情不太好。小美眼神低垂，盯着空旷的地板慢悠悠地开口说。突然不明白自己每天在干什么，忙忙碌碌像个陀螺，可是你要是问我每天都有什么收获，我一个也答不上来。

小美是我同事，入职比我晚，在行政岗上班。每天最早来办公室的人是她，烧水扫地完后开始一天的工作。看她活力满满的少女样，似乎生活里的烦心事在她眼里都不是事儿。今天状态这么消沉，实在让我有些出乎意料。离上班还有点时间，我决定跟她聊聊。

你这工作做得不挺好的嘛，跟大家相处得也不错，怎么突然会这样想？

来这儿也一年多了，工作上越来越顺手，对周围环境也越来越熟悉，不知道为什么，人反而越来越不开心了。小美一脸愁眉不展，跟她平日大大咧咧的性格大相径庭。

刚开始还好，毕竟没上手，每天都有新的收获。做到现在越来越没劲，每天重复收发文件，整理资料，跑腿打杂，越忙反而越空虚。小美眼里写满了失望，看来这份工作真的做得很不开心。

那你想干什么呢？辞职？

你别说，我最近还真在考虑辞职的事儿。

我听了心里一惊。如果辞职的话，你打算换个什么工作呢？

哎，就是不知道，所以才纠结啊。我工作经验少你是知道的，行政类工作是个人都能做，我又不想做这个工作了。小美语气里满是无奈。

正聊着天，老总过来把小美叫走了，我们的谈话到此为止。

看着她远去的身影，我想起了刚步入社会的自己。

[2]

那时候大学刚毕业就来到了公司，虽然做的工作专业性较强，但做久了还是不可避免地进入了倦怠期。

工作像游戏里的固定模式，选项配置早已人为设定好，我要做的就是循规蹈矩，按部就班地在固定的时间和节点去履行职责。生活就像透明玻璃瓶里的苍蝇，看似一片光明，实则无路可走。每天都在复制昨天，单调沉闷得像一个模子里刻出来的。那时候的我，套用现在的流行语来说，大写的迷茫。

有天跟老妈通电话，聊起初中的一个女同学，惊醒了我日益消沉的心。

跟我相比，她的人生可谓顺风顺水。知名财经类院校本科毕业后就考进了人民银行，虽然在小县城，胜在离家近。

得知她找了个好工作，大家都很是羡慕。相比一般银行任务重、压力大的特点，人行工作轻松，薪资又高。况且她爸是我们县人行的领导，就着这层关系她以后的路也好走得很。

没想到的是，工作两年后，她竟然辞了事业编，回母校读研去了。且不说边工作边考研难度有多大，她有勇气辞去众人艳羡的铁饭碗已足够让我刮目相看。

在大多数人眼里，尤其是父母那一辈人眼中，女孩子有个稳定工作再好不过了。对象好找，工作清闲，以后有的是时间照顾家庭，打着灯笼难找的好事啊。虽然暂时屈居小县城，以后有机会调动的嘛。

可是她说辞职就辞职了。据老妈说，她家里就这事反对得很，多少人挤破头想找这样的工作找不来，她竟然主动放弃了。

那阵子她跟家里关系闹得特僵，甚至因为这事儿周末都不回家了。家里人看她态度坚决，只好松口说如果考得上就同意，不然就老老实实在单位待着。

她也争气，还真给她考上了。家里人没办法只能同意了。

虽然平日里跟她联系不多，但是看她毕业一两年内的朋友圈，还是可以感受到她发自心底的不开心。

其实作为同龄人来说，我挺理解她的。虽然工作不错，可毕竟在十八线小县城，一眼望到头的生活又怎么装得下她那颗想要高飞的心？

现在的她时不时发些校园生活的趣事，看得出来很满意如今的生活。虽然不知道以后她将何去何从，不过我想这样的女孩子在哪儿都能光芒万丈。

[3]

反观小美的朋友圈，每天被各种吃喝玩乐刷屏，我不禁多了几分感慨。

每个人似乎都对现有的生活存在不满，都想逃离困囿自己的牢笼，可是知易行难。

有的人只是发发牢骚，吐槽完生活每天该怎么做还是怎么做，毫无进步。好比发誓要减肥，口号喊了千万遍，美食当前，心理防线顿时土崩瓦解。口号于他不过是一时兴起的自我暗示罢了，可是光喊口号能减肥吗？讨厌自己明明不甘平凡，却又不好好努力，活该你瘦不下来。

真正想减肥的人不会整天把口号挂在嘴边，而是默默地在健身房里挥洒汗水。他们用毅力和行动证明着自己的决心。等你发现他减肥成效显著时，他已经破茧成蝶，蜕变成了一个更加优秀的自己。

李宗盛有句歌词写得好：当你发现时间是贼了，它早已偷光你的选择。今年快过半了，年初的目标实现了吗？对象找着没有？新技能学会没有？工作提升没有？不立即着手去行动，目标再宏伟远大也无济于事。

就像夏天在空调房里待久了不愿出去一样，人们习惯待在舒适区里懒得动弹，舍不得向外跨出哪怕一小步。勤奋小人和懒惰小人在脑海里乒乒乓乓打得不可开交，理智告诉你应该赶紧行动起来，身体上又贪恋这一刻的轻松舒适，而时间就在你抱怨焦虑的情绪中飞快溜走。

有时候越舒服越容易觉得心里空落落的，像缺了点什么；反而是做有意义的事情累到不行的时候，身体虽然精疲力竭，心情却是舒畅无比。

生存还是毁灭？莎士比亚提出了一个充满思考意义的命题。而对于生活，要么苟且，要么拼搏，你选哪个？

{ 做什么都很难，
难道你就不去做了吗 }

大伯年轻的时候，未过世的奶奶给他找了一份在陶瓷厂的工作，工作虽然辛苦，却还算稳定。他做了一段日子后，却辞职了，亲戚朋友问起来，他只是说："我和那些工友们相处不来。"

在做了很长一段时间的无业游民之后，大伯又开始倒腾起古董。他每次来家里，都会向我爸炫耀他新淘来的古董："三儿（大伯兄弟三个，老爸排行第三），你看我这块石头怎么样？"老爸就说："哥，你别说没用的。我就问你，300元钱，你能把这块石头卖出去吗？"然后大伯不说话了。

30岁，他结过一次婚，后来老婆出轨，为他留下一个儿子就和他离婚了。此后他就一直单着。周围的人都劝他，再找个人吧，这样也不算是个事。他一直找借口敷衍过去，说"等儿子大点儿"、"等儿子上了大学"、"等儿子结婚之后吧"。现在他已经有了快两岁的孙女了，却还是孤孤单单的一个人，住在我奶奶过世之后的房子里。

家庭聚会的时候，大伯不常说话，偶尔说几句，哪怕是一句很没营养的奉承，也没人认真听。于是在没人理他的时候，我都会冲他笑笑，然后耐心听他说一些没什么实际意义的话。然而我一认真听，他倒是变得手足无措了，上一句是"囡囡，你要听父母的话呀"，然后闭上眼睛，似乎是在认真思考下一句该怎么说。再睁开眼睛的时候，却只说了前言不搭后语的"好孩子，好孩子"。

另外一个人，是老爸的高中同学G叔叔，他每隔一段时间就会来家里串门。在我小的时候，记得他每次来家里都会坐很久。后来才知道，他是在向老爸老妈推销保险。可做了几年，他把周围熟识的同学都拉进去买了保险，自己却做不下去了。后来他转行，卖过二手汽车，做过招商代理，现在，他被同伴忽悠入伙，开始销售起贵得要死的女士内衣和男士内裤。

销量少得可怜。他抹不开面子挨家挨户推销，只能又从老同学们开始了。过年前一个礼拜，他再次拜访，和之前的每一次我看到他时一样，永远都是风尘仆仆的样子，那种要使出浑身解数说服别人的决心写在脸上。他一坐下，车轱辘话就像连环炮弹突突射出来："这款磁疗内衣啊，有减肥防癌的功效，你看人家大明星都用这个……"

老爸想要帮他分析现在的市场情况，他只是反复说："好几个卖这个的人都赚了大钱，这个路子没问题！"只有偶尔响起的电话才能打断他的滔滔不绝，老妈顺势让他喝口水喘口气。

接下来，我们又被迫听着推销了六个小时的磁疗内衣介绍。送走了他，老爸叹了口气："我啊，现在就怕你G叔叔以后变成你大伯那样。"

他们活得都很辛苦。生活就是一场战争。我敬佩那些在这场战争中挣扎着活下去的人们，可不是所有人的挣扎都值得敬佩。

其实，大伯和工友们相处不好只是借口，他辞职只是嫌那份工作太辛苦；辞职之后，他没有找工作，每天抱着侥幸心理做着靠值钱古董一夜暴富的梦；离婚之后，他对婚姻感到失望，他才30岁，却在心里杜绝了重新开始的一切可能。

G叔叔换了那么多的工作，每次都是一遇到问题就推卸责任，推卸不了就干脆撒手不干；他之前做过的任何一行，只要坚持做下去，不半途而废，他的情况绝对会比现在好得多。可是他偏不，原因很简单，因为他想要的只是一种捷径，一种可以让钱来得很快还可以少付出的方法。

他们可怜，却更可悲。因为他们所谓的挣扎，不是迎难而上，而是敷衍逃避；不是脚踏实地，而是投机取巧。习惯了畏葸不前，习惯了人云亦云，本身缺乏对人和事的理性认识，不动脑子，于是精力和时间就在无意义的挣扎中被消耗殆尽。说到底，他们自己都不知道自己真正想要的是什么，要做到什么地步，要达到什么样的目标。

他们只不过迷茫地活着，迷茫地挣扎着。可是，这种挣扎真的有意义吗？

他们只是看上去很挣扎，很痛苦，很心酸，很委屈，看上去被自己渴望得到某些东西的欲望折磨着。而实际上呢？他们根本不舍得为自己的欲望付出代价。自己都不愿去拼尽全力抓住什么的时候，是根本没有资格奢求别人给你什么的，包括鼓励，包括支持，甚至怜悯。

我有一个闺密A，高考发挥失常，考到了一个不好不坏的大学。我回国之后去找她，她带着我参观学校，然后带我去了她的宿舍玩。她们宿舍里一共六个姑娘，我进去的时候是周末的上午十一点，除了A，其他的五个女孩都躺在床上，要不就是抱着电脑，要不就是抱着手机。抱着电脑的互相催促："你弄完了没有？""没呢，还差600字！你那个在哪儿找的？"

A偷偷跟我说，这是快要交论文了，正在补呢。不过说是补，还不是这抄一点那儿抄一点。我有点惊讶：老师都不管？她被我逗笑了：老师谁管你？都抄，也管不过来。过了十多分钟，姑娘们把论文搞定了，开始舒舒服服地靠在床上看起综艺节目来，时不时爆发出一阵大笑。聊了一会儿天，我想跟A推荐几本书，她看上去兴趣缺缺，听着我说了一会儿，然后打开笔记本电脑，笑眯眯地向我建议："我们也来看节目吧。"

这其实就是她们的日常生活。没课的时候，大部分时间就窝在宿舍里，抱着手机电脑，追韩剧看动漫。我说：这些挺浪费时间的。她也只是讪笑：大家现在都这样。

后来有一次，和A一起吃饭，她告诉我，不想考研了。她说，就算研究生毕业了，一样不好找工作，倒不如本科毕业就开始找，还不用浪费那个时间。如果可以，想考公务员。我说：公务员比研究生还难考。对了，你之前不是还跟我说想考会计证吗？怎么样？她摇摇头：那个太难考了。

我只能换了一个问：你说特别想考的导游证呢？上次我不是说了，虽然阿姨不同意，可是也可以试一试。她摇摇头：导游证也太难考啊。然后她跟我说，她的很多同学和她一样，对未来感到十分迷茫。然后她又说，我很羡慕你，你那边本硕连读，成绩又好，根本不用担心这些。

我只能苦笑。她不知道我在那边一篇论文要改二十遍以上；课余时间我都拿来读课内或是课外的原版书籍；或者看美剧听BBC练听力；每天早上六点起床跑步；每周三次游泳；坚持自学小语种……这些我没跟她说过。

当我们在羡慕别人的时候，不如问问自己：和别人相比，我们为了拥有这些，真的有付出过什么吗？或者说，真的舍得付出过什么吗？要知道，这个世界上，做什么都很难，也就根本没有所谓的捷径。

如果你明确了特别想要一些东西，不如再问问自己：我凭什么得到它？我想得到爱情，却没有开始放低身段去追逐一段爱情的勇气，那么我凭什么拥有它？我想要在这一行赚很多钱，却没有用心做好它并且坚持到底的觉悟，反而是遇到困难就逃避，那么我凭什么拥有它？我想要在同龄人之中脱颖而出，却没有要比别人付出更多努力的决心，那么我凭什么拥有它？

没有投机取巧，没有急功近利，只能一步一个脚印，稳妥踏实地往前走。遇到困难没有害怕，遇到打击没有后退，咬着牙为了自己的所求而坚持下去，有决心，也有毅力。

很多人总说自己很努力了，这样就可以得到其他人的一句"算了，他已经很努力了"的评价。而那所谓真正的努力，是成功之后回顾往事的感慨，绝对不是失败之后自欺欺人的借口。

最后，愿我们都拥有为所求付出一切的觉悟，毫不吝啬，脚踏实地，最终如愿以偿。

{ 哪怕面临阻力，也要选择快乐生活 }

尝试过飞翔的滋味，还能平静地对待大地吗？

一旦尝试过飞翔的滋味，走在大地上你就会时刻仰视天空，渴望再次回到那里。

——列奥纳多·达·芬奇

"他这是要去哪儿？"年轻的机器操作员问。

"去修理机器。"一位经验丰富的同事苦笑着回答。

"可机器就在这里啊，"年轻人穷追不舍，"他却朝休息室走去！"

"没错。"同事回答说。

查理·米切尔和他的维修团队忙碌了将近一小时，依然没有修好把加热钢铁压成钢板的机器。查理建议不用继续白忙活儿，大家就都散去了。

"现在可不是休息时间！"年轻人对着渐渐离去的人群大喊，"这个东西必须要修好运转起来——我们已经落在后面了，再不修好，就要停工，后果会很严重！"

查理听到了年轻人的谩骂，却没有停下脚步。然而年轻人的催促似乎让他原本就很慢的步伐更慢了。查理身材短粗，胸膛厚实，走路的时候粗壮的手臂在身体两侧晃来晃去。他留着小胡子，泰迪熊一样的圆圆脸庞，走起路来左右摇摆，有人说他像《星球大战》里毛茸茸的伊渥克人。

查理对这样的话语很不以为意。实际上，他对任何事情都不以为意。查理对自己的生活和存在之道颇为满意。他很快乐，他的快乐从不以外界环境和他人的评价而转移。

"可是他在休息室怎么修机器？"年轻人问。

"查理说一杯咖啡足以解决大部分问题，我觉得他有自己的道理。自从他开始领导维修团队，工厂的运作就一直很顺利。如果查理想停下手中的活儿喝杯咖啡，就必须要停下来。我支持他！"

年轻人满脸通红，他褪下厚厚的手套和护目镜，冲进了休息室。查理正和团队其他成员坐在里面喝咖啡，天南地北地聊着天，却只字不提如何维修机器。

"这是什么意思？"年轻人大声质问道。

"什么是什么意思？"查理带着温和的微笑问，他说话带着浓重的亚拉巴马口音，每个词都拉得很长。

"你可以用一杯咖啡解决问题是什么意思？"

"哦，"查理一边吹着咖啡一边拖着长音说，"如果你从各种角度来研究一个问题，却依然找不到解决方法，那你最好完全弃之不理。当你带着清晰崭新的目光重新回来，就会看到答案的所在。"

年轻人目瞪口呆地站在原地。

查理朝他扬了扬杯子，说："孩子，你瞧，答案其实就在我们眼前，只是我们找得太着急。只要我们稍微往后退一步，就会看到答案。"

他们果然看到了答案。十分钟后，查理的团队再次聚集在机器前，答案似乎自动跳了出来。机器修好了，整个轧机重新运转起来。

如今查理已经从钢铁厂退休了，不再担任维修团队的组长。他可以自由追求自己的两大梦想了：飞行和教别人飞行。

"每个人的学习过程都不尽相同，"查理说，"我教过几百人飞行，在此过程中我学到的是：要根据每个学生的优势和局限因人而异地进行不同的训练。有时候我会暂时逃离训练，细细品啜咖啡，给自己一些超脱的时间，那样我就能想出最适合某个学生的训练方法。"

如同本系列故事中的所有人一样，查理也认为快乐是种选择。快乐需要培养和锻炼，它会像肌肉一样越来越强壮，逐渐成为我们身体的一部分。

"从飞行中我们能学到很多生活道理，"查理说，"驾驶飞机是快乐生活的精彩隐喻。"他用这种隐喻讲述了三条关于快乐的道理。

第一，飞行需要阻力。

托起飞机的上升力来源于空气压迫机翼产生的阻力。推进器能够推动飞机前行，然而让飞机飞起来的却是冲击机翼的空气。

"人们遇到生活的阻力就会觉得不自在，"查理说，"可是事实并非如此。你若前行，就一定会遇到阻力，正是阻力让你飞翔。你应该期待阻力，因为阻力的存在说明你在不断向前。"

假如你想尝试新鲜事物，刚开始你会发现它远比你想象的要艰难。查理解释说："你可以把这当成放弃的借口，也可以将之视为一种暗示，暗示你要更加努力，变得更好。你可以放弃也可以继续努力，这是你的选择。"

查理接着说："阻力能让你明白自己当前的状况，你会借此不断改进，奋勇向前。"

对于信仰亦是同样的道理。如果他人反对你的观点，就给了你一个审视自己的机会，看看你是否真正相信自己所说的，若是，则进行阐明或改进，进一步强化自己的观点。

第二，两次深呼吸。

若想成为全程飞行员，要经过一系列的训练过程。第一步就是要通过目视飞行规则（VFR）飞行员认证，这意味着你只能在晴朗天气飞行，还要远远避开云层。

然而，对于大部分飞行新手来说，无论怎样密切监视天空情况，总会无意中飞到云层中。这种情况异常危险，因为他们会迷失方向，根本不清楚自己在朝哪里飞行，也不知道飞机是在爬升还是下降。这种情形下很容易产生眩晕，让人陷入恐慌和悲惨的处境。

当VFR飞行员飞进云层，他们的第一反应往往是尽快出去，可是这样的做法是错误的。

正如一杯咖啡可以解决大部分问题，查理建议困于云层的飞行员缓慢深呼吸两次。"这样你就可以放轻松，心情也会平复下来。然后你就可以平静处之，而不是恐慌处理。"

"当我们在生活中遇到问题，"查理接着说，"往往会急于寻找解决方案，而不是给自己一些时间认清当前的处境，然后做出明智的选择。无论你是在天空中翱翔还是在生活中翱翔，如果进入云层，首先要做两次缓慢的深呼吸。"

第三，飞行—导航—沟通。

"飞行过程中一旦出现问题，多数飞行新手会抓起麦克风，告诉地面的控制台。"说到这里查理笑了起来，"可是你在离地5000英尺（1英尺≈0.3048米）的高空中，地面的人又能做什么呢？"

"这样是不对的。"查理说，"首先要做的是飞行——让飞机照常飞行，要确保自己的高度很安全。然后是导航——确保自己在正确的航道上。最后，做完以上两件事情之后才可以跟相关人员沟通联系。"

当生活中出现问题，我们首先需要飞行——尽量拔高我们的态度。我们要鼓足勇气，坚定信念，心怀感激，让我们的内心飞扬起来。

然后我们需要导航——选择道路。如果在不安的时候做选择，就很容易选择错误的方向。

最后，我们需要沟通。出现问题后，很多人会沟通、沟通、沟通，与每一个人沟通，向每个人散布夸大自己的问题。但唯有在你达到自己内心的制高点、选定前行的道路之后，才可以向他人诉说自己曾经的处境，他们会一路给予支持。

哪怕面临阻力也要选择快乐生活，当你飞进困难的云层中要深深呼吸两次，谨记首先要飞行（设定高度），然后导航（选定道路），最后再与他人沟通。

如果所有努力都宣告失败，不妨去喝杯咖啡。

{ 我们都会经历 又穷又忙的时刻 }

不管怎样，又穷又忙，没什么可怕的。如果你还有所期待，就要去努力；有所努力，就一定会有所回报。

我也想去健身，可是没有时间。

这几天太忙了，等过几天忙完了找你。

事情好多，不知道先做哪件……

这些状态，有没有出现在你的生活里：时间总是不够用，没有时间闲聊，没有时间运动，没有时间做自己想做的事情。只有早已经被透支的"等我有时间了……"

这个挺贵的吧，还是不买了！

钱没怎么花，就没了！

油价又涨了！

这些话有没有出现在你的生活里：钱总是不够用，买稍微贵点的东西，都要不自觉地把它折算成自己的多少天的收入；超过一万的开销，都要计划一下怎么能补上这个空缺；不敢忘记自己每个月有多少收入，也不敢忘记下个月还会有多少开支；甚至买一件衣服，不打折就不舍得买；在心里默默地对自己说过好多次"等我有钱了"……

大学毕业之后，经常听到大家说忙说累，说加班到凌晨，说工资低，说假期少；说不敢生病，不敢辞职；就算心中有诗意和远方，也没有说走就走的勇气。因为有质量的生活，既需要钱，又需要闲。而对于大多数刚刚步入职场的年轻人，这两样都没有——赤裸裸的又穷又忙，穷得只剩下理想，忙得没时间生活。

周末聚餐。小A问旁边的男生跟喜欢的女孩表白了没有。男生摇摇头，苦笑道："像我现在的状况，不敢表白。我现在没有资格谈幸福，每天工作超过十二个小时，收入还没有她高。就算女孩不嫌我穷，我连陪姑娘出去看风景的时间都没有。今天正好办公室网络维修，才能空出来半天，随时还得回去。以前还能用各种借口每周约见一两次，现在已经有一个多月没见了。等等再说……"

男孩研究生毕业，工作不到半年，在他看来，自己又穷又忙，哪有资格谈幸福。

这是一群人对自己生活状态的定义：工作比自己想象的累，工资没自己期望的多，又穷又忙，"没资格"谈幸福。

北京的房价今年再次上涨，在北京的闺密，又一次给我算了一笔账，说自己努力工作挣钱的速度，比不上房价上涨的速度。每天早出晚归，拼命努力，就是想在北京拼出一片立足之地。晚上回家累瘫在床上，看到房价又涨了，那一刻，真想收拾东西回家。

朋友工作四年，和老公都在北京工作，两个人月收入3万多，但是要攒钱买房，除了拼命吃苦、把工作业绩做得更好之外，不知道还有什么资本能留在帝都。

这是一群人对自己生活状态的定义：辛苦挣钱还是买不起房，又穷又忙，缺少幸福感。

前一段时间刷屏的一篇文章，一个中产阶级自曝账单，精细地计算了生活的各项开支和未来十年的开销，得出结论是家庭年收入70万，根本不够用。为了维持家庭现在的生活状态和保证以后的生活水准不降低，她和丈夫带着对未来的恐慌，不敢轻易辞职跳槽，只能"委屈"自己：为了每年可以全家人换新衣，为了全家人有品质的早餐，为了以后送孩子出国，为了自己老了还能保持一定的生活水准……

年收入70万，还是不能过上有安全感的生活。有人说，"我们的中产阶级就是一个笑话"，拼搏了十几年，依然逃不开"又穷又忙，又恐慌"。

这是一类人对自己生活状态的定义：收入提高了，但是开销大，存款少，依然恐慌。

其实，在得到自己想要的生活状态以前，不管收入是多少，不管一周工作五十个小时还是四十个小时，都会觉得自己又穷又忙，总觉得心中的幸福感，还缺那么一点点，无处弥补。

又穷又忙，是自己的选择。虽然不是人人都可以"有钱又有闲"，但是都可以在自己的能力范围之内达到"小富即安"，不富，至少也可以让自己紧绷着的弦放松。实际上，我周围的人，就算可以连续数日"悠闲"，在彻底的放松之后，又会开始怀念起忙碌的日子，重新进入战备状态。

研究所工作的男孩，没有对自己的生活敷衍，还是每天全身心地努力着，尽可能做到最好。

在北京工作的朋友一家，她们还是每天花三个小时上下班，在那个"站在大街上喊一声都没有人回头看看你是谁"的城市里奔波。

年收入70万的那一对夫妇，他们还是带着恐慌，用自己的努力去拼一个未来的保障。不敢辞职，不敢挥霍。

又穷又忙，是很多人一生的状态。

那我们为什么总是又穷又忙？

我想，是我们想要的"有钱又有闲"的生活，一直在路上。"富"的定义，不断变化：拿到五万的时候，想要五十万；有了五十万，也还是不够。没房没车的时候，想有；有了之后，还想要换好的、大的。"闲"的定义，也不断变化：没有周末的时候，就想有时间能好好睡一觉；能睡好觉之后，想要有假期；有假期之后，想要更多的自由；自由了之后，还想要更多的钱。

　　我们想要的，总在路上。之所以这么"贪心不足"，是因为我们总有一个期待，期待有一天，我们可以和在乎的人一起，拥有自己想要的生活，欣赏自己想看的风景。我们的一生，都在追求一种幸福，叫作"更幸福"。

　　一个朋友说，从工作之后就一直缺钱，也缺觉。"计划要花出去的钱，总是比挣的多。工作熟练了，事情却越来越多。"

　　即使收入不断提高，因为对自己生活的期望也在不断提高，所以一直穷，一直忙。

　　现在可以买三年前不敢买的衣服，可以去三年前不敢去的餐厅，仔细一想，还是有不敢买的衣服，还是有不敢进的餐厅。

　　我一直觉得这不一定是坏事。

　　就算努力几年之后，还是"又穷又忙"，但是对生活的掌控力明显提高了。刚工作的时候都不敢生病；几年之后，可以安排好手头的事，空出几天出去玩。

　　就算十几年的努力之后，依然恐慌，还是"又穷又忙"，但是心情可以不被物质左右了，可以每天有一段属于自己的安静的时间，可以有应对未知风险的底气。

　　让生活保持忙碌和充实，是一种选择。每一个有上进心的人，都会不自觉地把自己放到这种状态里，一直在追求着更高更远更富足，包括精神和物质上。

　　要相信，在很多年努力之后，如果你觉得还是只够养活自己和家庭，那是因为养活自己和家庭的成本提高了。把生活品质提高，就是努力的意义。因为人们要的不仅仅是幸福，而是更幸福。

　　今天看到央视《开讲啦》的一段视频，视频里这个说自己"只能够吃饱穿暖""白天在上班，晚上在加班"的姑娘，问了经济学家樊纲"穷忙族"能幸福吗。很赞成樊先生的回答——

　　这就是生存的状态，作为年轻人，你必须走过这一段。你现在选择加班加点，说明你还是有期望值的，你还是觉得这么做会比不这么做更幸福。既然走上了这条"过度竞争"的道路，要过得更好，你就必须努力奋斗，你必须有不安全感。

　　所以，如果你也年轻，你也又穷又忙，不要害怕，很多人和你一样。每一个阶段的又穷又忙，都会跟之前的有所不同。你又穷又忙，是因为有所期待。你恐慌，是因为所有追求幸福的过程，都带着不安全感。也许，又穷又忙可以换一种说法，是为理想的生活而努力奋斗。

甘于平淡，
就不要怪生活太平庸

[《我是歌手》——苏运莹]

　　《我是歌手》第四季第三期踢馆赛歌手是苏运莹，她1991年出生，曾经参加《中国好歌曲》第二季，并获得亚军。她创作的《野子》，非常棒，深入人心。她在舞台上的表演，特别惊艳，如果我在现场，我一定会投她一票。

　　虽然她踢馆失败了，但她心态非常好，并且和这么多优秀的歌手同台表演，本身也是一种成长。我想假以时日，苏运莹一定会是歌坛耀眼的新星。

　　每次看《我是歌手》，我能感觉到这些歌手压力特别大，毕竟大家在某种程度上已经成功，而比赛毕竟很残酷，有输赢。很多歌手甚至怕输，拒绝了《我是歌手》的邀请，其实可以理解。有时候年龄大了，反而不像年轻的时候，那么无所畏惧。

　　我们年轻的时候，要尽可能地去尝试很多事情，尽可能挖掘自己的潜力，因为输了，一切来得及，还有机会。而年轻的时候，畏畏缩缩，追求安逸的生活，当年龄长了，生活出现变动，抗压能力会很弱，容易受到打击。

[即兴演讲]

　　我记得我读初三的时候，在班级演讲中还不错。班主任问我："你愿不愿意去县里参加比赛？"我毫不犹豫答应了。那次比赛，我得了全县第二名，但是倒着数的，因为倒数第一名忘词了。

我当时才14岁，无所畏惧，冲到评委那里，问："老师，我哪里表现不好，为什么成绩这么低？"

"你的普通话非常不标准，没有特色。"老师尴尬地告诉我。

其实，我非常不擅长这种有主题、有固定稿子的演讲，发挥的余地很小。高一时，有演讲比赛，我还是积极参加了，但表现依然不好。

高二，班主任让成绩前10名的去分享经验，我上去了，讲了半个小时，班主任和同学都震惊了，不让我下来，让我继续讲。高三这样的演讲，我同样进行了两场，效果非常好。这时，我发现我特别擅长这样的即兴演讲。

读大学后，学校里任何主题演讲，我都不参加。但是后来，系里的分享活动，我就会去参加。"曲师大就是一个三流大学，如果你甘于现状，你就是一个三流大学的学生。如果你努力，你就会像清华、北大的学生一样绽放……"我因为大胆的言论，好友的脸都变色了，因为她是学生会副主席，请我来做分享的。

这场分享会结束后，我还举办过个人的演讲分享，当时没怎么宣传，只找了一个教室。但没想到两个教室都坐满了，那天晚上我讲了两场。就因为这样一次次的尝试，我发现了自己在即兴演讲方面的天赋。我甚至不准备，讲三四个小时都没问题。

年轻让我无所畏惧，甚至不考虑输了怎么办。输了也没关系，因为还有时间，一切来得及。

[失败了怎么办]

我在大学算是小有名气，因为在心理健康中心工作，因为做研究。可是我的失败经历远远多于成功的经历。大一，我一共投稿20篇，每一次征稿，我都写，但没有一次获奖。所以，我同样发现，我不适合这些官方的主题写作，天生的野路子。

我考心理健康中心，第一年只要3个，我没有考上；第二年招人，我继续参加考试，结果过了。大一，我参加系和校学生会，都落败了。然后，我去参加社团，但是也没有什么职位。后来，心理协会搞活动，我跑了三天，拉来一笔赞助，算是有了一席之地。

我大学为什么去搞研究？因为大一、大二大家有丰富的生活，而我在所有的活动中落败了，所以我找了一条比较难走，大家不在意的路。等到大三，大家意识到搞研究对考研特别有利的时候，我已经带着自己的论文，去参加中国心理学大会了。我大三就完成了毕业论文。

同样，我考研两次都没有考上，山东省所有教师招考，我都参加了，全部落败，迫于无奈回到老家县城参加老师考试。

后来，我做销售，我的业绩是部门最好的，被称为大单杀手。但我一天有时候接待5个客户，只成交1个客户。可我从来不气馁，因为足够勤奋，基数足够大，渐渐地总结出来一套属于自己的谈单方式。后来，我只有一种情况会失败，那就是这个客户没钱。

每当失败来临时，不是不沮丧，但是很快就好了。年轻嘛，输得起，最不缺的就是时间和冲劲。这么多的尝试，仅仅因为一两次成功，就出名了，成为了老师和同学眼中的好学生。

因为失败过，知道如何走出来，我的挫折商特别高。这么多年，我最大的竞争力，不是学习能力，不是聪明，而是我的心态，失败100次，我依然会尝试第101次。我不会把失败归于能力不行，只会觉得这个不适合我。

[年轻真好]

学习和工作是如此，爱情更是如此。我16岁就恋爱了，19岁失恋。我用了大学4年才走出来，哭得死去活来，甚至去挽回对方，很多丢人的事情都做了。这又有什么呢，反正年轻，不在乎。等我释怀的时候，才23岁。

后来，我投入新的恋情，一样如初恋那样敢爱敢恨。分手的时候，我还是很痛苦，但我知道一定会走出来。在感情中，我不断成长，我知道我想要怎样的感情，什么样的人适合我。

我26岁遇到刘先生，27岁就定下来了。而如果我27岁开始一段感情，30岁分手，我心态肯定不会太好。

我对身边的弟弟妹妹，十七八岁，刚读大学，我从来都是鼓励谈恋爱，遇到就大胆的去追求，害怕受伤的人不要谈感情。恋爱和工作一样，同样需要学习和练习。我不赞成一夜情，脚踏两次船，但我鼓励追求自己想要的爱情。

年轻的时候，就一往无前地追求自己想要的生活就够了，总比心里不甘，年龄大了再折腾，这样的成本太高了。我们不妨找一个安静的时间，好好问问自己：

我还有梦想吗？

我还打算为自己的梦想奋斗吗？

你千万不要告诉我你甘于平淡的生活，希望自己的人生就此平庸。因为我知道没有见过精彩风景的人，平静安逸是假象，背后是一颗波涛汹涌的心。

生活，跟爱情一样，都需要折腾，没被狠狠折腾过的我们，心底总会藏匿着一份不甘心。

只有努力折腾过，才会珍惜平平淡淡的生活。

年轻真好，输得起，怕什么。

{ 千万人的失败，都失败在做事不彻底 }

很多人往往做到离成功还差一步时便终止不做了。其实，只要我们还能坚持一小会儿，便会看到成功的曙光；如果我们不轻言放弃，一直坚持到底，那么成功的大门就会向我们敞开。

希拉斯·菲尔德先生退休的时候已经积攒了一大笔钱，然而他忽发奇想，想在大西洋的海底铺设一条连接欧洲和美国的电缆。

随后，他就开始全身心地推动这项事业。前期基础性的工作包括建造一条1000英里长、从纽约到纽芬兰圣约翰斯的电报线路。纽芬兰400英里长的电报线路要从人迹罕至的森林中穿过，所以，要完成这项工作不仅包括建一条电报线路，还包括建同样长的一条公路。此外，还包括穿越布雷顿角全岛共440英里长的线路，再加上铺设跨越圣劳伦斯海峡的电缆，整个工程十分浩大。

菲尔德使尽浑身解数，总算从英国政府那里得到了资助。然而，他的方案在议会上遭到了强烈的反对，在上院仅以一票的优势获得多数通过。随后，菲尔德的铺设工作还是开始了。电缆一头搁在停泊于塞巴斯托波尔港的英国旗舰"阿伽门农号"上，另一头放在美国海军新造的豪华护卫舰"尼亚加拉号"上，不过，电缆铺设到5英里的时候却突然被卷到了机器里面，弄断了。

菲尔德不甘心，进行了第二次试验。电缆这次试验中，在铺到200英里长的时候电流突然中断了，船上的人们在甲板上焦急地踱来踱去。就在菲尔德先生即将命令割断电缆、放弃这次试验时，电流突然又神奇地出现，一如它神奇地消失一样。夜间，轮船以每小时4英里的速度缓缓航行，电缆的铺设也以每小时4英里的速度进行。这时，轮船突然发生了一次严重倾斜，制动器紧急制动，不巧又割断了电缆。

但菲尔德并不是一个轻易放弃的人。他又订购了700英里的电缆，同时又聘请了一个专家，请他设计一台更好的机器，以完成这么长的铺设任务。后来，英美两国的科学家联手把机器赶制出来。

最终，两艘军舰在大西洋上会合了，电缆也接上了头；随后，两艘船继续航行，一艘驶向爱尔兰，另一艘驶向纽芬兰。两船分开不到3英里，电缆又断开了；再次接上后，两船继续航行，到了相隔8英里的时候，电流又没有了。电缆第三次接上后，铺了200英里，在距离"阿伽门农号"20英尺处又断开了，两艘船最后不得不返回到爱尔兰海岸。

此时参与此事的很多人都泄了气，公众舆论对此也流露出怀疑的态度，投资者也对这一项目没有了信心，不愿再投资。

如果不是菲尔德先生，如果不是他百折不挠的精神，不是他天才的说服力，这一项目很可能就此放弃了。菲尔德继续为此日夜操劳，甚至到了废寝忘食的地步，他绝不甘心失败。

于是，第三次尝试又开始了，这次总算一切顺利，全部电缆铺设完毕而且没有任何中断，几条消息也通过这条漫长的海底电缆发送了出去，一切似乎就要大功告成了，但突然电流又中断了。

这时候，除了菲尔德和他的一两个朋友外，几乎没有人不感到绝望。但菲尔德仍然坚持不懈地努力，他最终又找到了投资人，开始了新的尝试。

他们买来了质量更好的电缆，这次执行铺设任务的是"大东方号"，它缓缓驶向大洋，一路把电缆铺设下去，一切都很顺利，但最后铺设横跨纽芬兰600英里电缆线路时，电缆突然又折断了，掉入了海底。他们打捞了几次，但都没有成功。于是，这项工作就耽搁了下来，而且一搁就是一年。

所有这一切困难都没有吓倒菲尔德。他又组建了一个新的公司，继续从事这项工作，而且制造出了一种性能远优于普通电缆的新型电缆。

1866年7月13日，新的试验又开始了，并顺利接通，发出了第一份横跨大西洋的电报。电报内容是："7月27日。我们晚上9点到达目的地，一切顺利。感谢上帝！电缆都铺好了，运行完全正常。希拉斯·菲尔德。"

不久以后，原先那条落入海底的电缆被打捞上来了，重新接上，一直连到纽芬兰。现在，这两条电缆线路仍然在使用，而且再用几个10年也不成问题。

菲尔德的成功证明：只要持之以恒，不轻言放弃，就会有意想不到的收获。然而，许多人做事常半途而废。他们不知道，其实，只要自己再多花一点力量，再坚持一段时间，那些下大功夫争取的东西就会得到。可惜的是，当目标就要达到时，许多人却一下子放弃了。

英国诗人威廉古柏曾语重心长地说："即使是黑暗的日子，能挨到天明，也会重见曙光。"

这是事实，最后的努力奋斗，往往是胜利的一击。

1941年秋天，第二次世界大战期间，英国正陷入苦战。首相丘吉尔受到来自内阁的压力，要他和希特勒妥协，寻求和平之可能。

丘吉尔拒绝了，他说事情会有变化，美国会加入大战，局势将会被打破。对他的主张坚决，有人曾问他何以如此肯定，他回答说："因为我研读历史，历史告诉我们，只要你撑得够久，事情总是会有转机的。"

1941年12月7日，日本偷袭珍珠港，距离丘吉尔的那番谈话不过几个星期。希特勒知道这个消息，立刻向美国宣战，一夕之间情势逆转，美国的全部兵力都拥向英国这边来。日本片面的军事行动牵动了世界局势，使得丘吉尔得以拯救英国，使之免于受到纳粹德军的摧残。

坚持到底，这就是"毅力"。在这个世界上，没有任何事物能够取代毅力。

能力无法取代毅力，这个世界上最常见到的莫过于有能力的失败者；天才也无法取代毅力，失败的天才更是司空见惯；教育也无法取代毅力，这个世界充满具有高深学识的被淘汰者。拥有毅力再加上决心，就能无往不胜。

肯德基炸鸡速食店创始人桑德斯上校就是典型的例子。原本他在一条旧公路旁有一家餐厅，后来新公路辟建之后，车子不经过这里，他只好把餐馆关了。这时他已经60岁了。

他认为他唯一的财产——做炸鸡的秘方一定会有人要。于是，他开始去拜访那些他认为会愿意投资在这张配方上的人。他问了一个、两个……几百个，都没有人要，但他还是认为"一定有人要"，并且不断地研究对方不接受的原因。就这样，经过1009次的尝试，终于有人愿意投资。他成功地创立了世界著名的速食公司，而且在大家认为没有希望的年龄才开始了他的新事业。

坚持并不一定是指永远坚持做同一件事。它的真正意思是：你应该对你目前正在从事的工作集中精神全力以赴；你应该做得比自己以为能做的更多一点、更好一点；你应该多拜访几个人，多走几里路，多练习几次，每天早晨早起一点，随时研究如何改进你目前的工作和处境。

每一个成功人物的背后都满载着辛苦奋斗的历程。

著名钢琴演奏家贝多芬在一次精彩绝伦的演奏结束后，身旁围绕着赞美音乐奇才的人群。一个女乐迷冲上前呼喊道："哦!先生，如果上帝赐给我如你一般的天赋，那该有多好!"

贝多芬答道："不是天赋，女士，也不是奇迹。只要你每天坚持练习8小时钢琴，连续40年，你也可以做得像我一样好。"

{ 感谢那些艰难时刻，成就了更好的我们 }

朋友问我最近一次哭是什么时候。我想了一下，能想起来的有两次。

一次是中秋假期结束回青岛，火车一路晚点，原本八点就该抵达却硬生生地拖到了十点半。行李太多太重却打不到车，又找不到直达家门口的公交车站牌，荒芜的夜色里走了很久才上了另一辆公交车，下车后还要走半个小时才能到家。小路上空无一人，手掌被勒得生疼，满身汗水。两只手都提着东西，以至于天空突降骤雨时根本腾不出手来打伞。爸爸发短信问我到了没，我停下来回短信："早就到了，都吃过晚饭啦。"

租的房子在五楼，楼道里的灯忽闪忽灭。是躺在了自己熟悉的床单上之后，被雨水打湿的头发找到了枕头之后，我才终于放声大哭了起来——为这一程黑漆漆的长路，为那一路上黯淡的星光。

也是在放声大哭的几分钟里，我竟放下了心里那些一直纠结着的爱而不得的人事，无声地跟自己说："从这一秒开始，我要好好爱自己，才能对得起独自一人时的颠沛流离。"而那些我从前固执付出却一无所获的东西，且让他们都随风吧。

另一次哭就在上周末。截稿日临近，因为出差一周，只好将要修改的书稿存进U盘里带在路上。那一周工作量突飞猛进，不仅修改完了旧稿，还写了一万多字的新文章。周末出差结束回家，还没来得及将U盘里的内容复制到电脑上，结果在逛街回来之后轰然发现，U盘和零钱包一起不翼而飞了！

我沿路返回，确定自己再也找不回来时，坐在路边的椅子上痛哭流涕，丝毫不顾自己的形象。可哭过之后，还是要回家，冲个热水澡，然后凭着模糊的记忆将那一万多字重新写出来。

你看我们都曾将最柔软缱绻的内心交给最动荡不安的未来。它晴天里一个雷霆，你能听到心底的某个部分被烧焦了一块。它一阵疾风骤雨，有一团跳跃的火焰瞬间便被浇熄了。一盏灯灭，心里便暗了一块。

我反问这个朋友最近一次哭的经历，她说起了好几年前的一件往事。

那时她刚工作没多久，因业绩突出破格晋升，没想到之前视为好朋友的同事为之愤怒不平。有一次开会，她像往常一样坐在了那个同事身边。还没坐稳，却只见同事狠狠地在桌子上摔了文件夹之后换到了别的位置，周围其他同事诧异地看过来，只有她一个笑容还僵在脸上。

她不气，只觉得伤心。当年她新入职，手把手教她用公司软件的，和这个会议室里当众给她难堪，暗地里冷嘲又热讽的，是一个人。

好几年后，她跳槽去了更大的公司，偶尔路过旧东家还能看见那个同事的身影。她仍然在做原来的工作，忙碌，得体地笑着，好像和数年前的样子并无二致。

朋友屏了口气又深深地呼出去。往事皆已飘散，而人哪，总要往前走。

大学毕业前夕，我、H还有班里另一个女生在宿舍里聊天。我当时还没有工作过，一直听那个女生讲述刚去工作的种种艰辛，听得我都为她感觉不值。后来她走了，我跟H说："你看她工作好辛苦。"

H淡淡地笑了笑："谁没有过一段辛苦的时光？"她大三的暑期在一个服装公司实习，刚入职正好赶上广东的盛夏，整整三个周都在仓库里整理库存，极其闷热。毕业之后她换工作，去了北京的一家地产公司。当时我发短信问她，工作怎么样啊，生活还习惯吗。她说都挺好。可我经常是凌晨时才收到她回的短信，还见过她拍的幽暗的地下室照片。

那些在陌生的城市里，漆黑的深夜中，颠沛流离的经历总能悄无声息地改变我们。你发现自己大部分的内心开始变得坚硬与残酷，而柔软的部分则越来越少。也或许是因为越来越少，才想要拼劲全力去捍卫那一丁点儿的温情与不舍。而那些无谓的人事，再也不想空落落的等，再也不想燃尽一腔热血只换一盏冷饭残羹。

我们总能学会一个人修马桶，颤颤巍巍地攀到架子上换灯泡，应酬之后还能忍着头晕与反胃为自己调一杯酸奶来解酒。

但仍然感谢青春里那些艰难的时刻，那些异乡的漂泊，那些在暗夜里一边跟自己说着"加油"一边往前走的日子，一定是它们成就了今天的我们，让我们能有足够坚硬的躯壳去捍卫那些不可磨灭的柔软与美好，也有足够温暖的初心去拥抱那些终将到来的慈悲和懂得。

在那些最艰难的时刻，我只是一直走着，等那些漫山遍野如萤火一般的星光重新亮起来。

{ 用一时的孤独，换更好的拥有又何妨 }

[1]

在朋友圈看到这样一段话："我31岁，刚有了孩子。我逐渐了解了，为什么许多人每次回到家，都要在车里坐一会儿，抽上一根烟。因为回到家，我就变成了爸爸，变成了丈夫，我是顶梁柱，是擎天柱，是穆铁柱，就是不是我自己。"

其实，很多人都是这样。年轻的时候害怕寂寞，呼朋唤友消磨时光。后来才知道，寂寞的时光难得，唯有在无人的角落抽一根烟的放空。

独处像只取不存的钱，取走一点儿是一点儿。那一段只属于你一个人的寂寞时光，一生不会太多。

小的时候，你就害怕没有伙伴，长大了，却不得不去过没有朋友、家人在身边的生活；小时候，你勇敢，对世界充满了好奇，一条陌生的街道都能让你惊喜，长大了，却害怕单独旅行，担心迷路和好心人口中的"坏人"。

出于对长大的恐惧，出于对孤独的畏惧，你越发觉得无法接受无人倚仗的人生。

可成长本就是一场孤立无援的战争，你必须得学会独当一面。

孤独是这样的，当你渴望被理解，却遇不到同频率的人，那不如不被理解。就像是有时候很烦，想要找个人倾诉，但真开始倾诉了又发现不如不说。

没人喜欢孤独，但比起别扭地相处，还是更喜欢独处。到最后，你会明白，只有从容面对孤独，才能找到自己和世界的相处方式。

一个人独处的秘诀，其实就是和孤独握手言和。

当你极力在匆忙的世界中拼命向上时，却不得不面对由此产生的孤独，感谢这些年陪伴在自己左右的人，也感谢那个始终坚强的自己。

你觉得孤独就对了，那是让你认识自己的机会；你觉得不被理解就对了，那是让你认清朋友的机会；你觉得黑暗就对了，那是让你发现光芒的机会；你觉得无助就对了，那样你才能知道谁是你的贵人。

很多人离开另外一个人，就没有了自己，而你却一个人，度过了所有。

你以前总是习惯性地焦虑，每次都期望有人能指明自己要走的路，可人终究是孤独的，你的人生可以有别人参与，却必须由自己完成。

每个人降落在这个世界，都是一个孤独的个体，那么基本上也就奠定了我们每个人的生命基调。没有谁会陪伴你到永远，也没有谁会永远理解你，除了你自己。

你需要的，是"不负我心，不负此生"的热情，是"跌跌撞撞，仍对世界微笑；彷徨失措，依然勇敢前行"的坚定。

愿你能成为一个这样的人：喜欢安定，也不怕漂泊；喜欢结伴，也不怕独行。

［2］

相比于西方人，中国人更害怕孤独寂寞，不懂得怎么享受一个人的时光，而且过分在乎别人的看法，总是想从别人的眼里寻找到自己的存在感。为了不被贴上"不合群"的标签，很多人刻意地、频繁地参加一些毫无意义的社交活动。

诚如三毛所说："我们不肯探索自己本身的价值，我们过分看重他人在自己生命里的参与。于是，孤独不再美好，失去了他人，我们惶惑不安。"

你觉得孤独，是因为你既希望有人关心，又不想被谁过分打扰；是因为你暗恋的人正在用力爱别人，而你羡慕的人往往比你更加努力。

你觉得孤独，是因为你无奈地为一段长情画上了句号，所有你曾经觉得触手可及的幸福一下子就失去了依据，一切的美好也都随之崩塌；是因为你的内心越来越不安、越来越迷茫，你猜测不到命运到底为你安排了一个什么样的剧本。

其实，你对孤独的恐惧是正常的。很多人都会把孤独看得很惨淡、很绝望、很恐怖，但它其实是一种自由，是你成长的机会——一个重新认识自己的机会。当你学会在情感上自给自足之后，你会发现，面对孤独是件很容易的事情。

孤独不是一个人吃饭，一个人逛街，一个人看电影，而是半夜想找人说话却翻不到可以信任的人，是想哭却没有依靠的肩膀，是急切地分享后没有半点回应，是满心期待的聚会，最后只剩下电视里嘈杂的声音。

孤独都是用来成长的，寂寞或快乐都是你镌刻的美好的青春。

每个人都有一段孤独的时光，或长或短，这是难以避免的。不必总觉得生命空空荡荡，放心吧，一时的孤独只是意味着你值得拥有更好的。

[3]

美国诗人玛雅·安吉洛在她的诗歌《我们的祖母们》中有这样一句："我只身前行，却仿佛带着百万雄兵。"是的，没有谁是真正孤独的，只要你足够勇敢、努力，哪怕在人生的路上你只是只身前行，你的身后也会像是跟着百万雄兵。

孤独是人生中的必修课。毕竟，没有人总在雨夜接你，没有人必须要读懂你的心。有些路，你只能一个人走。

孤独是件好事，当你一个人的时候，就多长本事，多看世界，多走些路，把时间花在正事上，变成自己打心底喜欢的那种人。

青春是件如此宝贵的东西，稍纵即逝。我们应该在浪漫蓬勃的年华里，用自己的智慧、热情和善良去努力读书、学习、工作，努力与人为善，努力为这个社会奉献一点点的善良，努力为你的梦想不遗余力。

当你能用最热忱的爱对待生活、对待身边的每个人时，你也就不再感到孤独了。那时，你会由衷地感叹："我的孤独，虽败犹荣！"

即使没有朋友、没有爱情、没有可以寄托的归宿，你也可以以自己的孤独为荣，并随时随地做好一个人战斗的准备。

生命本来就是一场孤独的旅行，即使有人相伴，终究会各奔东西。

每一个优秀的人，都会经历一段沉默的时光。那一段时光，是付出了很多努力，忍受着孤独和寂寞，不抱怨不诉苦，度过一段日后说起时连自己都能被感动的日子，这都是成长该有的代价。

世界的真相就是这样，孤独让你强大，让你成为一个更好的人。

把最好的自己留在最好的时光里。时间总不能停留，不要伤春悲秋；孤独总如影随形，不要难以自制；遗忘总是必然，不要回忆伤感；感情不能刻意强求，不要寻死觅活；过去始终存在，不要遮掩炫耀。

让我们以年轻的名义，奢侈地干够几桩"坏事"，然后在成熟之前，及时回头，改正。从此褪下幼稚的外衣，带着智慧继续前行。

然后，做一个合格的人，开始有担当，开始顽强地爱着生活，爱着世界。

第二章

别给自己
不想上进
找借口

{ 现在默默发光，以后必然光芒万丈 }

[1]

前两天我接到了大D的电话，一开口就是她那标志性的少女心破碎的口头禅："我又被现实打败了！"

又被现实打败了。我们被打败了多少次呢？

我相信很多人都在某一时刻用这句话来吐槽过自己面临的窘境，或者直接率性地来一句："去你的现实！"

年轻的我们都稚嫩地以为世界要靠我们去拯救。直到挨了现实两耳光后才发觉，与这个世界相比，你的瞎咧咧连屁都不算！

刚刚脱离高三苦海的大D，带着一百度的好奇心和新鲜感想在自己认为无限美好的大学一展宏图。但，雄心勃勃的她却发现，自己丢进人海里一下子就淹没了，连个翻腾的浪花都没有。

所有人都在努力奔跑，所有人都在努力发光。

你的小小傲娇和自以为是，就像一粒路边随处可见的石子，任何人都能踩过去。硌硬了别人的脚，还会被人唾弃的暴力踢开。

大D是个典型的玛丽苏兼"女汉子"自由切换的双重人格，她脑中的大学就像公主遇到白马王子的情节，绮丽浪漫。

电话里大D说，她以为自己能够交到一起上街撸串儿，迟到帮忙喊到，夜里一起逃课看电影吃火锅斗地主，关系铁到比男票还硬的室友。没想到，她与室友们除了基本的礼貌之外，彼此之间竟有一种看得清说不透的生疏；她以为自己可以偶遇一个阳光帅气面面俱到负有责任心的学长，来一场缠绵悱恻至少能在回忆里是浓墨重彩的斑斓恋爱，现实是，的确遇到了"完美情人"般的学长，只是他暖了所有人，不止她一个；她以为自己能独当一面霸气侧漏地接下各种职务，不承想所有人都在拼命发芽，她自己都没有机会见到一丝哪怕漏下的阳光。大D幻想的美好，都在眼前变得无比糟糕。

这就是大学，这就是现实。这就是你不可一世眼中的世界。

我们都曾满心欢喜，却容易被当头一喝棒打得晕头转向，不愿承认自己的失落，却会看似随意实则无奈地叹一句：我去！

我对大D这个"糙汉"说："不要老想着你YY的世外桃源，踩着脚下泥泞的稀泥一步一个坑的走过去，记得保留你尖锐的棱角，因为那是你最好辨识的标记。"

电话那头沉默了三秒钟："你能说人话吗！"

我："往前走就好了，我陪你一起。"

大D："嗯，那顺带帮我充100元话费吧……"

我："滚！"果断挂了电话。没过一秒，收到她发来的一条信息：现在默默发光，以后光芒万丈。一起走，不撞南墙不回头。

里则林说过："为自己奔跑，像狗一样又何妨。"

我与你可能相隔千万个黑夜白昼，得穿过无数次霓虹路口，浪费着六十几亿分之一的缘分，对你说：和我一起，做到底，直到你不得不放弃。

[2]

当所有人以为我过得风生水起的时候，我只是一个人走了一段又一段艰难的路。

无意在网上看到这样一句话，突然就想起了我的朋友小文。

2016年的高考过后，小文哭了三天。都说上帝是公平的，逗×了那么久的她这次把欠着的泪水一次性地全部偿还了回来。

成绩一向优异的小文，没能去到想去的学校，甚至，连她当初最讨厌的三本都没能迈过去。

导致她发挥失常的一个重要而又大众耳熟能详的原因就是：心态。

高考前，重视她的班主任让她放松心情，望女成凤的父母让她不要过度在意，所有人都让她深呼吸，平复紧张的心跳，来迎接六月这个庞然大物。

可是她还是很紧张，知道自己还没准备好，就被人一把客套地推搡着上了那座百万大军的独木桥。还没有开始就已经知道了结局。

即使老师甚至表现出无谓的笑，对她说，不就是个考试吗，有什么的啊，别把自己的身体搞坏了。

即使父母装作不以为然地说，别紧张，考不上大学有啥的啊，我们还养不起你。

即使共同努力的朋友为了让她心安说，你比我们都强，放松，你考不上，别人都考不上。

一切的假装冷静都在考试那一天彻底坍塌，小文说，那两天的考试，感觉灵魂已抽离了肉体，大脑一片空白，周围的景象像播放着无声的慢镜头，曾经熟练的公式高分格式就如同经历了一场车祸，处在一个失忆的边缘。看着黑白的字符那么熟悉，她却怎么也想不起来。

现在那些说不在意的人，成绩出来之后都在意的要死，那些假装无所谓的人，知道情况后都会在心里默默腹诽，那些让你安心的人都会在下一刻默契远离。

你是否有过这种高低起伏的心酸难过，其他人的态度转变可能会让你的心隐隐作痛，但真正让你难过的不是他们这种人前人后的假装，而是你看透父母小心翼翼掩藏的那种失落。

我们都心知肚明地在爱的人面前装傻，一起演戏，一起把自己的表情隐藏在夸张的妆容后，再认真地用奥斯卡的演技说，没事儿，我真的不难过。

受挫后的小文每天定时跑步，按常吃饭，打打闹闹，用音乐堵塞自己的耳朵不去听那些流言蜚语，用满不在乎的语调宣告自己一直就很好，不需别人关照。

可是，有一天的夜里，我接到了一个电话，冗长的三分钟里没有一句言语，只有断断续续的抽噎哭泣。我静静地听着，直到对方哭到没有力气挂掉电话。

对，就是小文。

不是你说你很好就真的很好，不是你逞强着说不用关照就不需要关照。再骄傲的女王首先也是个女孩子，再表演那些华丽的情节跌宕首先也是在最纯真的白本上。

很高兴，你能重新拥抱自己。和自己说一声对不起，再牵着过去的自己，重新来过。

最后小文决定复读。

我说：做你想做的，就够了。

借用托马斯·哈代的一句话：凡是有鸟歌唱的地方，也都有毒蛇嘶嘶地叫。

以前站在回忆的路口，那么现在就披荆斩棘着往前走。

[3]

人只要幸福，不管多辛苦，现在的领悟有谁真的在乎，是太过纨绔还是我真的不服。

耳机里播放着这首赵泳鑫的《纨绔》，声音舒缓平淡，却有直击心灵的冲击力，没有富炫的歌技，却勾起我内心淡淡的恻隐。

说的不孤独，是不想暴露，哪怕是错误，又怎么肯认输，不是我嫉妒，可难免有企图，哪怕，不清不楚。

有多少人，活的像这句歌词的描述。忙忙碌碌向前奔波，走进人海茫茫，又消失在茫茫人海。在对的时间遇不到对的人，在正值年华的时候浪费青春，在该独处的时候扎堆热闹，在一个人该走的时候迟迟留情。

谁不是从一个心地善良的孩子被现实折磨成一个心机深重的疯子。这句话看似犀利，实则在某种程度上代表着成长的意义。

欧亨利把人生比作一个含泪的微笑。

因为当有一天你真正成长了，难过的时候会笑，高兴的时候反而会哭。

真正的随遇而安不是两手一摊的无所作为，而是拼尽全力之后的坦然相对。

现在觉得苏辛在《未来不迎，过往不恋》中有一句很贴切的话：让你最舒服的姿态，就是这世界最喜欢的姿态。

我现在还是不够聪明，学不会讨好，不知道梦想的捷径，只知道二货一般的坚守。

受伤了就哭，痊愈了就笑，带着稚嫩走，从未回过头。

即使身边狂风暴雨，泥沼遍地，我不曾停下脚步；即使耳边喧嚣无比，人声鼎沸，我从未放弃过执着。

那些陪伴过我又走开的人。

用书中的一句话来向你们道别：很开心你能来，不遗憾你走开。

风雨前程中，我们都在笨拙而努力地奔跑。

{ 你之所以对未来 充满了困惑，不过是因为懒 }

经常在后台收到这样的问题：

（1）我不知道自己以后能做什么，好迷茫怎么办？

（2）我不喜欢现在做的这份工作，但是我又不知道自己能干什么？

（3）我对我的人生好困惑，不知道未来的路在哪里，求指点。

我谈一下我自己的看法。

我大学学的是市场营销，国内上过这门课的人都知道是怎么回事，基本上学校教的都是过时的理论，和外面的世界严重脱节，所以可以说大学我什么都没学到。而我第一份工作是去一家品牌咨询公司，那时候做的工作叫"品牌策略分析"，简单地说就是一天到晚在网上找数据和资料，然后填进PPT。

这工作简直无聊至极。

我每天坐在电脑前，为了找一个新闻资料通常要开10—20个网页，然后在屏幕前逐字逐句地寻找需要的关键信息，重复着各种Ctrl+C，Ctrl+V的动作，然后对齐、排版、缩句、找图……时间久了眼睛酸胳膊痛。

那段时间我不止一次问自己，这就是我想要做的工作吗？这工作以后能干吗呢？不做这个我还能去做什么呢？

像所有刚参加工作的人一样，我对自己的未来充满了困惑和迷茫。我做的是一份我不知道自己喜不喜欢的工作，不知道这个工作以后会怎么发展，不知道我如果不做这个，还能去做什么。

那时，我也希望身边有一个职场导师，能够告诉我应该怎么办，该怎么规划自己未来的职业生涯，该如何把手上这份看上去"无聊透顶"的工作做好，直到有一天下午我找资料的时候看到这个视频：

那天下午我把这个视频反复看了好几遍，突然我思考问题的角度发生了根本性的转变。

我意识到，那些你喜欢做的工作，都是从你不喜欢的或者根本没在意的事情开始的。

很少有人在刚开始工作的时候，就找到一个自己非常喜欢的工作。尤其在中国，大学里学的专业课程可能和你未来从事的工作一毛钱关系都没有，但这并不意味着过去的经历在你的人生中毫无价值。

事物的因果规律总是非常奇妙。拿我自己举例，我的第一份工作枯燥无味，每天对着电脑找资料，但是就是这样日复一日地"找资料"，让我不经意间培养出快速搜集信息的能力。那时候我主要研究一些B2B企业的行业发展现状以及产业经济政策。很多时候网上资料少，更新慢。一开始我也是先从百度开始搜，很多时候要翻20多页才能找到我想要的东西。后来我换了搜索思路，尝试从行业的垂直网站开始下手，先搜集行业内比较知名的门户垂直网站，然后在这些网站上按照我需要的关键字搜索信息，同时我会特别关注信息的来源和作者，将同一来源和作者的信息进行比对，排除重复的信息，提炼新的信息，对某一个我不确定的问题会在不同的垂直网站中搜索相关资料来加以佐证，排除干扰……这些都是我在这个"枯燥"工作中，逐渐摸索出来的方法。

在长时间找资料的过程中，我渐渐知道哪些网站的信息翔实，哪些渠道的资料来源可信，哪些文章一看标题就知道是转载的，哪些文章的内容一看就知道是抄袭的，哪些信息是要去政府网站上找，哪些信息是要从财经网上搜……那时我并没有意识到这份工作给我带来这么一个"额外"的技能，只是每天被各种"折磨"，内心只想着早点做完早点下班。但这些经验已经潜移默化地深入到我的内心，以至于到后来，让我研究一个什么行业或者一个现象我马上能找出各种相关资料信息出来，并且保证完整可靠。这后来也间接导致了我现在思考问题的逻辑和方法开始变得清晰有条理，对我未来的人生产生了重要影响。

同时，在这一年多的工作时间中，我知道了自己擅长做什么，不擅长做什么。比如虽然我搜索资料的能力突飞猛进，但我其实还是不喜欢这样重复劳动性的工作；再比如每次写完策略方案我都很喜欢和创意部的同事一起讨论接下来的创意方案，我很喜欢看那些天马行空的广告，喜欢和大家一起头脑风暴出各种好玩的创意。渐渐地我开始意识到，我应该去做一份更有创造性的工作，而不是每天坐在电脑前重复做同样的事情。于是在待满一年零三个月之后，我毅然辞职，去了一家广告公司，开启了完全不一样的精彩人生。

这段刚毕业时的简短经历，我后来时常也会回想。那时的我和所有刚工作不久，踏入社会的新人们一样，内心都是踟蹰迷茫。但是我没有想那么多，就是用心去做手上该做的事情。

因为你想得再多，那都仅仅是"想"。离去做，离改变，离成功还有非常远的距离。

我们谁都不是《隆中对》里那个文韬武略的诸葛孔明，坐在深山里就对外面的世界了如指掌，动动脑子就能左右一场战局的胜败。更多时候，需要我们亲身去实践，去体验，去反思，去接受生活给予你的选择，当你做到无懈可击时再去重新选择。而不是每天坐在家里，苦苦思考"我的未来在哪里"，那不是迷茫，那是懒。

你懒得去实践，即使你不知道真正做起来你会发现自己有哪些地方不足；

你懒得去研究，因为你更相信周围人的道听途说；

你懒得去反思，因为你觉得大家都这么做，自己照葫芦画瓢肯定没问题；

因为你懒，你从没有去了解过自己，活了这么多年从来不知道自己擅长做什么事情；

因为你懒，你总是期望从别人身上得到自己的答案；

因为你懒，你一份工作做了两三天就觉得没意思不想干，而从来没有去想过去研究这份工作的规律、价值和诀窍。

难道每一份你不喜欢的工作里，对你一点启发和帮助的地方都没有？难道你不喜欢做的事情里面，你就找不到哪怕一丁点让你觉得有趣的东西？你觉得学不到东西了，那么你敢拍着胸脯说交给你的事情你都能够圆满完成吗？

不想灌鸡汤，因为说了再多的大道理，都不如你们自己去摔一跤来得实在，来得记忆深刻。不知道自己能做什么的人，先弄清楚自己不能做什么。不清楚自己擅长做什么的人，先弄清楚自己不擅长做什么。这是我唯一的建议。而这些，只有当你真正"做"了的时候，你才会有深刻感受，才会突然开窍，才会知道什么是你一生要追求的事业。纸上谈兵的道理都是虚妄。

如果说我们每个人刚踏入社会的时候，都是一张白纸。那么无所谓一开始在这张白纸上是用水彩笔，用毛笔，用油画笔还是铅笔。也许当你用铅笔画了一段时间发现没有颜色让你觉得不够精彩，也许你用毛笔画了一段时间发现你更喜欢精雕细琢的细节，也许你用水彩笔画了一段时间之后你开始觉得色彩层次感更重要，这些都没有问题，当你找到自己想要的那支笔时，重新再画就好了。但问题在于，第一次面对那张白纸的时候，你敢不敢动手去画？

最后以视频中演讲的一段话作为结尾：

你过去的种种经历，就像人生中的一颗颗珍珠，当你在未来某一天的时候找到了那根线，你就会把它们全部串联起来，变成美丽的项链。

你的浮躁不过是你的虚荣心在作祟

今天一天，我都在和自己相处，任何工作事宜都没处理。在这一天的相处时间里，我系统看了一个我喜欢的公众号里2015年所有的文章。

每一篇，我都用心读了很多遍，读到自己快背下来了。后来放下Kindle，仔细想想我最近的经历与收获，给朋友发了一条微信：浮躁的世界，我们都欠自己一个专注。

以前，我对"停下来，等等你的灵魂"这种话特别不以为然，活着不就是为了勇猛精进，哪有什么停下来等待灵魂的时间。当下，在我系统专注地看了十几篇文章后，隐隐约约感受到我的身后有个叫"灵魂"的人一直在拼命地追我。

于是我停下来等了这个人，她缓缓地在我耳边轻声细语道：你在追求的一些东西不是你真心想要的，你的生活混杂着虚荣、金钱、成功等物质。我回了句：是，你说得对。

互联网创业家伊光旭分享说，他对于朋友圈推荐的文章，先去收藏，大概扫一下就存到微信的收藏夹。两个星期之后，他觉得这个文章牛，他再看。其实，你会发现当初头脑发热收藏的好文章80%都是无意义、无价值、观点经不住推敲的。一篇文章有没有价值，你可以回头看看。

这和我们的人生路很相似，你做的事情有没有意义，你也可以回头看看。哪些事情让你记忆犹新，哪些事情教会你成长，你回想自己每周的工作内容和生活记录就可以知道。你是因为虚荣心而做，还是想要领导夸奖才去做，还是真的因热爱而专注做的，所有的原因与结果都会一目了然。

此刻，我很想说说昨天下午的手绘课。这个课程期待很久了，昨天下午终于和老师同学们见面了。这是我们的第一节课程，大家都很期待。刚上课，老师为了了解每位同学的水平，所以在上课的第一个小时安排临摹。我，选了一张最喜欢的金鱼，看了几分钟，拿起笔，低下头，开始尝试着画画。

十几分钟后，就听到耳边不断有同学和老师交流的声音，还有同学说自己画完了让老师点评。当然，外界的声音对我没有造成影响，我一直告诉自己，沉下心，慢慢画。等到老师开始讲课，我的金鱼也完工，终于抬起头。

后来，下课期间大家开始互相交流，我才知道，原来很多同学都没有完工，只是简单描了轮廓，而只有我，是认真地按照原图的形状一一临摹。同学们都来我的桌子旁，说我画得很棒，并问我怎么画的。我想了下，告诉诧异的同学们：我真的没有画画的天分，我也没有练习过，我只能说自己够专注。

我去学画画，我很清楚，我没有任何天赋，不是为了开画展，也不是当画家，我就是来练习专注。我很想知道，在一个未知的领域，当我付出时间，它会是什么样。

所以，当老师要求我画画时，我不会提问，我想试试专注下的我能不能一笔一点地勾勒出事物原本的样子。我就是那种完全沉醉在当下的初学者，不在意好与不好，不在意别人的评价，快乐地徜徉在自我的新世界里。

说起画画的事情，我就回忆起以前的某些时刻，有没有这种专注的快乐。有，但是记忆犹新的大多是看手机时忘记时间的快乐，或者看到震撼内容后泛起的一丝激动。然后，放下手机，一切照旧。我深刻地知道，朋友圈很精彩，大家每天都在不同形式地讲述自己的故事，这故事到底是专注而成还是包装而成，我们无从而知。生活在信息爆炸的时代，我真的不知道是幸运还是灾难。

最近，我时常被微信群困扰。真的，太多微信群，太多强压的需要浏览的信息，我会发觉好久没认真看看自己了。今天，公司一位高层leader建立了一个文案天团群，邀请各路爱写作的人一起碰撞出一些牛×有趣的文案。

如果是以前，不放弃任何一次学习机会的我肯定会高兴地交份自己的文章与自我介绍，然后祈祷自己能进群。现在，我不会这么做了。我很清楚，文案想写得好，首先要靠高质量的输入，而不是认识一群大咖在微信群里探讨。

包括以前，我很想学习某一个领域的知识，我首先想到的是如何找到这个领域的专家，并向他学习。接着，我开始搜相关的社区、QQ群以及微信群，期待能加入他们，与这个行业最顶尖的人对话。

这个思路没有错，但是我现在也不会这么做了。因为我发现，我加的文案群、运营群，大家很少聊文案、运营，更多的是闲聊。即便，我加的跑步群，我也看不到大家的打卡。我的工作群，放了很多要思考的问题，却总是在几个小时的头脑风暴后无结果而终。

社会很浮躁，我们的心很难安静。包括我自己，甚至感觉找个安静的咖啡馆都很难。上周，六一班创始人燕子来上海，她是我眼中女神级智慧的人，曾经一个星期看掉20多本书。

我问她觉得自己进步最大的几年是什么时候，她给我讲述了自己刚工作前五年的状态：工作、看书、偶尔的party。她说，那个时候，手机只能打电话，上网家里也没有，她会把所有的业余时间用在阅读。所以，那个时期，她的工作有了质的飞跃，她的进步也是飞速的。

无论何时，十年如一日的专注都是人生的必要条件。真的智慧与假的智慧，当你走到人群，一开口就众所周知。我们在提醒自己不要欺瞒别人时，却时常忘记提醒自己别欺骗自己。

{你过的不是慢生活，而是没底气的得过且过}

[1]

阿姨有个女儿，今年26岁，大学毕业后就在北京工作，但3年里至少换了5家公司。

她每次辞职之前，都会约我出来倒一倒苦水，说她在公司如何不被重视、被老板压榨、被同事穿小鞋、公司离家太远而考勤太严……最开始我还支持她换工作，直到她要换第五家公司时，我才突然意识到：谁在公司没有经历过被剥削、被排挤、被轻视的阶段？每天早出晚归，准时出勤完成工作，这难道不是每个人生活的常态吗？总之，这一切并没有什么好抱怨的。

终于，在听到她因为觉得同事俗气、心眼多、合不来第五次辞职时，我说："任何人去任何公司上班，都是为了挣钱生活、积累经验，而不是为了去交朋友。同事只是为了完成公司任务而被商业契约绑在一起的陌生人，只要他做好他的，你做好你的，大家能共同完成工作就好。所以，我觉得你因为这个辞职挺不理智的，要不要再考虑一下？"

结果，小姑娘对我说："不考虑了，上班太没劲。我其实想过的是慢生活——去腾冲开个小咖啡馆，简简单单，也挺美好的。"

那次见面之后，小姑娘真的离开北京去了腾冲。看她的朋友圈，果然在当地盘了个咖啡馆，有几次，我看了也的确很羡慕。

再联系是前不久，小姑娘打电话给我，支支吾吾要借钱，说生意进入了淡季，没什么客源，但日常开销还是要付的。她不愿意再打电话向家里要，因为她妈只会唠叨让她赶紧回老家找份正经工作，根本不理解她。

我沉吟了一下，给她转了一些钱。挂电话前，我对她说："别怪我帮你妈说话。如果你的咖啡馆一直是靠花家里的钱运转，那你过的就不是慢生活，是啃老的生活。"

[2]

我今年决定辞去工作，专心在家写书的时候，好多熟人对我说：真羡慕你，自由职业，想睡就睡，想写就写，真正的慢生活。我敢慢吗？真的不敢。

如果我能按时按质完成当天的计划，那么，我的确可以把剩下来的时间自由安排。但，若是因为犯懒、松懈等，拖延了工作，我就得有那么几天不能好好睡觉、没日没夜赶工。

作家村上春树从20多岁出版了第一本小说后，至今30多年，每年不间断写作、出版，他把自己的一天规划得井井有条：清晨出门跑步，然后写作直至中午，下午学习，晚上社交。很多人羡慕他整洁、温馨的书房，有唱片、有吧台、有各种小玩具。如果你能像他一样，每天坚持写作4小时以上并长达30年不间断，你也值得拥有一间这样的书房。

[3]

所有你看到的，那些惬意、闲适、无拘无束、不受金钱困扰的慢生活，其实都是人生给予自律的奖赏，是生活某一个甜美的瞬间，却并不是全部与日常。做完了便可以停下来，把剩余时间浪费在一切美好无用的事物上。

慢生活，是有底气的自给自足，而不是好吃懒做的得过且过。

无所事事、碌碌无为，并不是慢生活，是消极地活着。当你一厢情愿地慢下来，什么也不做，又渐渐感觉被边缘化、毫无存在感，长期以最低标准活着的时候，请不要迁怒于任何人，也不要伸手向别人要钱。

选择任何道路，都要为自己负责。

{ 年纪轻轻，谈什么岁月静好 }

没有任何一种人生可以高枕无忧。

物质饱满的要追求精神丰盈，天资聪颖的要懂得后天维护；缺乏战略的要找准方向，拙于耐性的要扎根深入。抵达和渴望之间始终流动着生命本来的追逐力，一个人蜉蝣深渊，会瞅准时机蓄势待发；一个人身处高位，更要时刻提点自己居安思危，不能沦为情绪的附庸。

希望你过得安稳，但不仅仅指传统意义上的朝九晚五。

拥有一种源自内心的淡定从容，才是支撑起我们庞大生活明快脚步的根本。

[1]

大学毕业后，选择回到家乡的同学们陆续考上了公务员。贺小姐就是其中一个，她立马成为大人们饭桌上热衷讨论的"别人家的孩子"。

一般来说，这种"别人家的孩子"只是讨喜长辈，可偏偏贺小姐也俘虏了一众同龄人发自内心的认可。她原是平辈中的佼佼者，这么说，倒不是指她傲人的成绩、肯下功夫的骨气，而是她对于人生的多角度规划总是能够令人觉得惊奇。

贺小姐聪慧、平静，不是"一根筋"，大学读的金融，毕业后同时给了自己三个选择——考研、考公务员，如果前面的二者不能尽如人愿，她就打包好行囊来北京闯荡。这样看来，任何结果都是收获。

考上公务员之后，贺小姐做的第一件事是去报了尤克里里吉他班。音乐，是她许久以来的心愿。她是拎得清主次的人，知道在什么阶段，力气该往哪里使。过去两年，因为要把时间重心放在背书做题应战国考上，只好暂时将自己的兴趣藏在仙女棒里。如今，一见星斗，便倾泻出满地醉人的江湖。

这个社会上，有太多在稳定状态下浑噩度日的人，他们其实并没有获得纯度的愉悦，只是习惯用手边的白粥来抚平内心翻滚的油汁。所以，我们看到很多人的眼神，都是同样的空洞、同样的麻木，就像岁月流水线上批量生产出的人形木偶。贺小姐，不愿做"人偶"。

在她看来，考上公务员不过是个开始。端起"铁饭碗"，没什么大不了，能够依靠自身打造出一个不可替代的铁饭碗来，才踏实。所以，考上公务员之后的她，该看的书继续看，该啃的理论继续啃，该学习的丝毫不敢懈怠。她说，"因为不知道未来究竟会怎样，所以时刻提醒自己不能掉以轻心。"

如果有一天，离开体制，抛开平台，自己还能剩下多少价值？这或许是每个年轻人都应该思考的问题。

[2]

F的孩子快3岁了。过了哺乳期，她打算重新回到学校做老师。有人不理解她，为什么不好好在家享受全职太太的潇洒日子，偏要挤回职场这个大油锅？仿佛每个工作的人都活得水深火热。

F来问我的意见，我反问她，"你为什么想回去工作？"

她想了想说："大概，还是不习惯这种温水煮青蛙的生活。"

F的家庭条件不错，就算是不工作也能享受得起小资青年的宽松阔绰。她的爱人思想很开明，认为每个人都有自己偏爱的生活方式，无论是整日围绕灶台，还是穿梭在山川湖海，他都会无条件支持F的选择。当然，F很爱家庭，她之所以想要回去上班，不是出于经济压力或者流言蜚语，只是对她来说，工作同样是生活的一部分。没有了，就空落落的。

容易满足和沉溺其中是两码事。真正懂得珍视自己所拥有的一切的人，不会只是一味消耗所爱。

结婚后，亲朋好友们常常对F抱以羡慕之词。"瞧你多悠哉，不用上班""再也不用熬夜赶PPT了""你这一生啊，一眼望到底，都是享不尽的福气了"——最后这句来自前同事的话落进了F的耳朵里着实尖锐，一眼望到底，这样的安稳真是我想要的吗？F不禁有些气馁。

这么久以来，她一直觉得在生活平和祥静的表象之下，哪里对不上位。一些隐约的焦虑，来自对舒服浅尝辄止的免疫。

"舒服"是一种很大众的说法，仔细说来，其实"舒服"包含了三种感觉：快乐、幻想和放松。

快乐太满，容易乐极生悲。幻想太强，容易迷失方向。放松太久，容易丧失力度。

过去F是职场上脚踩风火轮的拼命三娘，研究课题，四处家访，关照每一位学生的身心健康。和孩子们在一起，所回馈给她的成就感亦是她填补生命空洞的价值所在。那个时候，虽然整日为了班里的同学手忙脚乱，内心却是踏实的。现在，虽然以一个母亲的身份陪伴在孩子身边，温情与亲昵，令她不由自主地感受到欣慰，但总觉得，这样的生活不完全是她想要的。

我再见到F的时候，她已经回到了学校，整个人看起来神采飞扬。说起近况，她一溜烟儿地给我讲了好多班级趣事，末了，给我翻出手机里儿子的照片。"刚开始我去上班，他总是闹呀闹的，不和我说话。后来习惯了几天，突然在某天清晨我即将踏出门的那刻，他跑过来，'吧唧'亲了我一口。我想，他是支持我的吧。"

"也是那个时候，我突然意识到，原来，所谓的岁月静好，不是保持不动弹的姿态，而是在折腾的时光中，还能有人陪伴。"

[3]

为生活中所有美好的小事干杯，也对美好的背后居安思危。

这个时代太快了，每个路口所给的绿灯时间非常有限。如果你不能在规定时间内，以轻快的步伐、矫健的动作和审视周边的反应能力抵达对面，就会被困到斑马线中央。眼睁睁看着自己的同伴穿流而去，而你，只能等待下一个绿灯亮起。

我们和想要的生活之间，常常隔着一些东西。无知的念头，自身的惶恐，现实的傲慢，无能为力的失重感，这些都有可能成为阻挡我们向前的羁绊。在这个过程中，要尽量试着跳脱以往看待事物的习惯。站在离眼前生活状态一英尺以外的地方，答案自会出现。

考上公务员，不是终点站。结婚生子，亦不是尘埃落定。

一个人，内心要有所支撑，才算真的安稳。

{ 你不是不满意人生，你是不满意自己 }

　　前两天同事找我吃饭抱怨，这次考试她们班的平均分全年级最低，不及格全年级最多。由此引发了一系列声讨中国教育的言论，期间穿插着教师生存压力太大、薪资水平低于中等餐厅服务员，连学校门口卖鸡蛋灌饼的小哥都不如。我真讨厌这份工作。

　　我抬头问了一句，你会做鸡蛋灌饼吗？

　　她瞪大了眼睛说，我怎么可能会？再说那得早晨4点起来和面。我可受不了。

　　我还没劝好同事，这周末表弟又光荣下岗。他本是一家游戏公司的UI设计，全公司目前最大的项目就是争取代理韩国某热门游戏。结果在与同行竞争的时候，表弟及其团队败下阵来，被老板痛骂一顿。表弟越想越生气，一怒之下辞职了。我真讨厌这份工作。他坐在星巴克明晃晃的玻璃窗下疯狂吐槽了一个下午。

　　瞧，又来了个抱怨工作的。网上有无数的文章写到工作，什么谁的职场不委屈，最招人讨厌的十种职业，哪种工作不挨骂，层出不穷屡见不鲜。当真是干一行，骂一行；干一行，恨一行。

　　可是你有认真地思考过吗？为什么我们这么不满意自己的工作？

　　我曾在一家外企做过几个月的主管助理，一开始的时候，我特别喜欢这份工作。我每天顺着人流在北京最繁华的地段下车，跟跟跄跄地跟在那些精致妆容一身战袍的职场精英身后，走进金碧辉煌的高档写字楼里。那时候，我觉得这是我这辈子最喜欢的工作。

可是没过多久我就发现，外企不是学校，没人在意你的英语、计算机水平是不是全年级第一，尤其我们是最低档的主管助理，日常琐事一大堆，更多的是看你待人接物和处理问题的能力。

一开始我还干得特别起劲，早来晚走沉浸在新鲜和好奇里。可就在我的主管出差了，我需要独立处理部门中突发事件的时候，我栽了大跟头。

当时我们部门负责给相关客户免费赠送家电试用，我分好货单，联系好了运输部的司机。主管发来信息，特别嘱咐我把运送安装费做在这个月的公关费里，千万别让司机开口向客户索取。我知道兹事体大，就在送单子的时候，一字不落地写在了注意事项上，通知了运输部队长。

中午吃完饭，还没回到工位上，主管的电话就来了。她暴跳如雷地批评我怎么这么大了做事没脑子。我听得一头雾水，实在想不起来我做错了什么。

她说运输部队长非常生气我的措辞，什么叫千万别让司机开口？我们司机没这么不懂规矩。我这才意识到自己还是太年轻，说话太不艺术。

首先，我的职位是助理，遣词造句一定要符合自己的身份。把主管的话单纯地复制粘贴，肯定有越级之嫌。其次，司机确实辛苦，又要找人负责安装。若还不能收取费用，确实会心里很不舒服。而且"千万别让"和"开口索要"这几个字也着实透着命令和不信任，好像他们总是占用户便宜似的。

可惜，这是我的第一份工作，年轻的我太单纯幼稚，还没学会审时度势，圆融周到。这件事的恶劣影响一直没有从我心底消除，我像霜打的茄子一样，每一次去运输部都还是尴尬得抬不起头。

后来我发现，我越来越讨厌这份工作了。我不喜欢它总加班，遇到紧急的公关危机还得连轴转，连周末都休息不了。我也不喜欢它总翻译外文资料，我不是英语系的，每次总部的产品资料出炉，我都得不眠不休好几天才能交差。我也处不好同事的关系，她们谈论的都是各大奢侈品牌每一季的限量款，还有各国经典小吃和必备手伴，那时候，我连手伴是什么都不知道。

我越来越讨厌这份工作。我再也不偷偷地自命不凡了。能进入这里真的很幸运，但能不能待得下去可不是靠运气。我最终还是和主管提出了辞职。她颇为意外，临走前还在说："小姑娘你挺踏实的啊。慢慢学嘛，谁也不是一开始就能干得好的。"

可我还是狼狈地走了。当时我的理由是我不喜欢那份工作，那份工作不适合我，外企饭碗不稳定。我心安理得地去当了更稳定的老师，可是我又真心喜欢这份稳定了吗？

朝七晚五的生活年复一年，层出不穷的理念日新月异，一个不留神就跟不上教改的新浪潮，被戴上传统老套的大帽子。还有各级评选，平均分排队，绩效奖金分档，所有的所有都在比较，我的心也越来越焦虑。

后来我又开始利用课余时间在网上写文章，一开始的时候几乎是横空出世，各大号纷纷转载，几个月的时间就有一二十篇10+的热文网络流传，还幸运地成为了签约作者，有机会出版合集和独本。

我觉得我太幸运了，我终于找到了自己最热爱的工作。我甚至想过以后就辞了职，专心在家写小说。可是慢慢的，蜜月期过去了，我这种行文风格的关注度开始下降，更多更优秀更有个性的作者如雨后春笋般涌现出来，竞争压力空前加大，我度过了一段极其郁闷的瓶颈期。

于是我又觉得，其实自己也没那么喜欢写作。

年初的时候，我认识了一位心理学专家，忍不住在饭桌上向她说出了自己的困惑。我特别不理解的是为什么我总是从喜欢一份工作慢慢变成了讨厌和逃避，除了单纯的喜新厌旧，有没有一点其他的原因。

她放下筷子认真地问我，你是讨厌你的工作，还是讨厌工作中那个不怎么成功的你。

我忽然就醍醐灌顶了。世间万物都是你内心的投射。我喜欢那个意义风发朝气蓬勃走进写字楼的自己，所以在一开始我很喜欢这份工作。可是我讨厌那个犯了错栽了跟头，和同事聊不到一起的自己，讨厌这种感觉，一直不自觉地逃避这种感觉，所以我狼狈地放弃了它，仓皇地换了教师的工作。

在这个世上，我们总是想方设法地证明自己。青葱岁月里不吃不喝，疯狂爱着的那个人真的有那么重要吗？我们更多的是爱着那个无怨无悔的自己啊。多年后再回想起每一次接受了别人的表白，真的是因为非他（她）莫属吗？也许只是想要在那段时间证明自己也是有人爱的吧。

同事的平均分如果是全校第一，我如果天天都能写出爆文，一呼百应，那我们肯定会很喜欢这份工作的吧。它给我们带来了成就感和自信心，证明了自我的价值，再忙再累，至少我们也会很喜欢工作中优秀成功的自己吧。

表弟的韩国项目如果顺利地拿了下来，也许此刻他正在热火朝天地指点江山，卷起袖管大干一场。就像当年和我一起做助理的小七，情商高、业务强，在外企如鱼得水，如今都是部门经理了。

我们真的讨厌现在的工作吗？你是讨厌这份工作压力大，还是讨厌那个动不动就挨批，业绩总也上不去的自己呢？你是讨厌这份工作太稳定，还是讨厌那个磨灭了斗志，不思进取的自己？

这个世界上有各式各样的工作，如果真的是没有兴趣，大可以跳槽转行，潇洒地挥一挥衣袖，但如果自己的能力不够，实力不强，走到哪，干什么工作，都只会灰头土脸地满处碰壁，最终变成了干一行骂一行，可是再怎么骂也不敢改行。

如果再让我回到过去，我想对那个翻不出外文资料的自己说，别急着放弃，好好学习还来得及。也想对那个得罪了运输队长的自己说，不要一蹶不振，仓皇而逃，要试着从经历挫折中总结经验和教训。喜欢的工作会因为一时的不顺心而心生厌恶，可不喜欢的工作也会因勤奋努力，不断拼搏而逐渐熠熠生辉。

我们不是在讨厌工作，而是在讨厌那个不争气的自己；同样，我们也许不太喜欢这份工作，但依旧会感激那个永不言败、永不放弃的自己。

忽然想起张德芬说过的一句话："亲爱的，外面没有别人，只有自己。"

{你不是运气不好，是不想拼而已}

别总幻想别人的成功轻而易举，这会让你的路更加难走，因为幻想的次数多了，你会觉得，世间遍地都是成功，别人都是凭借运气。那么每当遇到困境和压力，你会非常脆弱且不堪一击，因为你压根没有一个认识，那就是：做成任何一件事，都是很不容易的。没有人是容易的。这是真相。

昨天，我的个人公众号后台的一条读者留言触动了我。"不知道点姐在奋斗的路上有没有很累，什么都提不起兴趣，只想大声哭的时候"。

有啊，当然有了，太有了。不瞒你们说，前几天我还控制不住自己崩溃大哭来着。自从创业以来，虽说还没做到多么成功，多么有业绩，但眼泪是没少流，只不过这些负能量都在没有外人的时候，以极端的形式消解掉了。

有些事你以为你明白，其实真正经过之后，才发现你并不明白。

为什么只要奋斗就会受伤？

人有很大一部分痛苦，来自对自身情况把握不清、能力有限的同时，又拥有不能消解的欲望和野心。

我一直觉得，欲望其实不是一个坏词，尤其是对有资本试错和逐梦的年轻人来说，它反倒是绝佳的鸡血和动力。但有欲望的人注定痛苦，因为有华丽的梦，就有贫瘠的现实。当欲望时刻鼓动着你本该平静的心，你就很难低下头来，老老实实地接受目前没有起色，甚至很长一段时间都没有起色的生活。

常有人问我，是应该去大城市冲浪，还是留在小城市看海。我的回答总是，此事没有标准答案，看你自己是个什么样的人。进入大城市的可怕之处不在于高消费、紧张的节奏和复杂的人脉关系，更在于你的视野开阔开阔更开阔之后，难以抑制不断膨胀的欲望和野心。以及你打开微信朋友圈之后，所有人都在卖命、都在打拼停不下来的精神压力。

这一切，对你来讲，不见得都是能够消化的正能量。

并且，很多生活光鲜、事业蓬勃的人，真的不见得有时间、有健康、有心情去享受打拼来的生活。边走边看张弛有度，在某种程度上更是一种幻想。

更何况，当一辆出来看风景的小车，被驱赶上了一条高速公路的时候，停不下来的痛苦是非常折磨的。它的刹车系统并没有坏，但就是无法给自己一个理由停下来。这种奋斗非常伤，并不是每个人都适合。

另外，任何一条路的圆满结局，都需要很多很多的耐心和毅力，这件事仿佛地球人都知道，可惜大多数人还是低估了"很多很多"这个数量词的威力。在有所收获的前一秒钟失去耐心，是再平常不过的事，因为过程太艰难，更因为没有任何神奇的"应许之日"。

我每天收到的几十上百条私信中，有很多都在问：如果我开始跑步，我会瘦吗？如果我拼命努力，考研能成功吗？每到这时，我就想反问，你觉得我是上帝吗？如果我是上帝，那么自己也不可能打拼得这么辛苦了。

每个人都知道，做成一件事，拥有一项技能，需要10000小时的专注磨炼，可是有多少人在1000小时还不到的时候，就丧气崩溃，告诉自己，这条路不适合我，我运气不好，我换个方向。

如此一来，遍天下都是怀才不遇的人，盯着别人的成功，反反复复地想，你还不是运气好，你还不是靠别人……但即使这样也改变不了Loser的命运。

别总幻想别人的成功轻而易举，这会让你的路更加难走，因为幻想的次数多了，你会觉得，世间遍地都是成功，别人都是凭借运气。那么每当遇到困境和压力，你会非常脆弱且不堪一击，因为你压根没有一个认识，那就是：做成任何一件事，都是很不容易的。没有人是容易的。这是真相。

我相信，如果你在打针之前，把进针的疼痛想象到最大，那么真正挨针的时候反倒不那么疼；但你如果天真幼稚地抱定，打针没多疼，那么你完了，毫无准备的打击会超过你的承受力。

所以有时，做个悲观的乐观主义者比较好，把自己调成"傻瓜模式"，在你想要有所成的领域愚钝地执行10000小时，结果不好再崩溃也来得及。

为什么你要活得那么拼？

一个女孩子，当然是有性别红利的。按照中国传统而普遍的价值观，女人可以不必工作，更没必要活得那么累。

但在我的字典里，没有"干得好不如嫁得好"这件事。因为我很贪心，我既要嫁得好，又要干得好。"嫁得好"是我渴望美满的婚姻生活和一个相爱的人，来共同享受生活；"干得好"是我需要通过工作和奋斗，来实现我个人的价值赢得小小的成就感。

爱情的甜蜜不能替代工作的充实。另一半对我的依赖和欣赏，和我的朋友、合作伙伴对我的赞赏对我来说同等重要。甚至后者更重要。因为前者是因为激素作祟，说不定还有点夸张，而后者是实实在在的肯定，这让我觉得自己有光芒。

这种光芒比我穿了一件大牌，或者涂了最贵的面霜，要有诱惑力的多。

我在工作中领教着自己的无能、短板和脆弱，它第一时间反馈出我的浅薄、贫乏和刁蛮；工作就像镜子一样，让我知道自己哪里有斑点，哪里有赘肉；它会一次次践踏我自以为是的自尊心，解构我深以为然的旧世界。

我借助工作的名义去结识不同的人，在和他们的过招中，赢得共鸣的加分和友情的感动，当然更多时候会被甩一脸的淤泥，或者从心底里为人性中并不体面的暗瘤感到心痛。

但这一切都是现实，说得不好听，这正是你想要体验的生活，是你天天叫嚣着要"享受"的生活。谁告诉你能被"享受"的东西，就一定是温柔缠绵的好东西。

你对付不了生活的丑，就消受不了生活的美。

我承认有时工作让我变丑了，变得不优雅了，不能轻声细语、淡定盎然地维持美好姿态了；我还因为它变得思虑过度，夜不能寐，紧张焦虑，满脸长包，甚至负能量爆棚，伤害到身边最亲的人。

但我依然要义无反顾地去工作，再难也不能停下追求的脚步，因为没有人比我自己更清楚：在一次次的败下阵来之后，重新站起的是一个更有力量的我。

说实在我渴望这种力量，这种不依靠任何人，就可以挺过去的力量，这种遇事更沉着、更稳当的力量，有了这种力量之后，如若再遇到此前那个重量级的困难，我不会再沮丧焦虑、满头长包了，因为我获得了免疫，唯有更大的困难才能再一次压倒我。

工作和追求，对每个人的意义都不相同，当它只是兑换物质的渠道，那么物质一旦满足，便不再需要；但当它是一种生活方式，你得眼巴巴地求着它，求它给你带来看世界的机会、带来感受人情冷暖、感受新鲜事物，甚至感受艰难困苦的机会，那工作对你来讲只好变得无比重要。

我一直以为，对女性来讲，生命中有两道坎，是你的朝气和追求容易跨不过去的：一是结婚，二是有孩子。因为这两件事能给予我们太多正当的或无奈的理由，把注意力放在"实现自我价值"以外的别处。

斗志有时是在生活的琐碎和无望中被迫消解的，有时也是在生活的糖衣和温柔下无形消失的，为什么强调斗志？因为它是一种不放弃的积极的精神能量，它为你带来充实的生活、克服挫折的勇气和凭借自身实力赢得世界某个角落的野心。这更是让一个女性真正实现"永葆青春"的机会。

并不是说工作的女性就有斗志，做全职太太的女性就没有斗志。斗志是一个人对更完美自我的不断追逐，生活方式并不能衡量是否有斗志。毕竟，这世上既有每天朝九晚五的行尸走肉，也有每日宅在家里的精神行者。

但是，工作和事业一定是精神奋斗的重要承载形式，它的现实和琐碎，让你告别胡思乱想、告别自命不凡、告别天马行空。

所以，当有人跟我讲"你一个女孩子，还奋斗得这么辛苦，需要靠你来养家吗"这种话的时候，我和他之间立刻画出一条马里亚纳大海沟。

我的乐趣和骄傲，你不懂。

{ 你所奢望的将来，其实就是你的当下 }

　　我有个很好的女性朋友R，人漂亮、高挑，从小学到初中，再从初中到高中都是一路顺风，加之容貌出众，性格开朗，追随仰慕者不断，即便是大学期间离开家乡，毕业后考研未能遂愿，也依旧可以说是精神饱满，每日蹦蹦跳跳地去大学图书馆里自习，希望有朝一日可以出国深造。她从小到大的一切教育使得她的内心在如今依旧保持着少女般的天真——渴望外面的世界，渴望人格和精神上的独立，渴望通过奋斗获得更灿烂的明天。

　　到这里，如果你认为她是幸福的，抑或是正能量、有梦想与追求的，那么你就错了——一路下来，她接触到的人，或者说她愿意与之为伍的那些人，都有一个非常奇怪的特点：他们都认为未来应该是光明璀璨的，而光明璀璨的未来一定是要以作为学生的方式才可以得到。说白了就是，我的人生要进步，那我就要去上自习，看专业的教材，然后通过考试，如此周而复始。

　　自然，我们不得不承认，做学生是快乐的，因为除却那些考试，多数学生便可以自由的玩乐，有大把大把的时间去郊游、旅行、恋爱，大谈特谈你的感性，并且几乎不用去考虑经济的问题和家庭的责任：缺钱了，打一份不太持久的工；委屈了，有一推死党闺密陪你喝酒谈心到天明……不仅如此，更重要的是只有学生才会有无条件被原谅的特权——我们都爱做学生，但我们不会永远是学生，即便你读研、考博然后做博士后，也迟早要走出象牙塔，除非你家缠万贯，有一位可以帮你摆平一切困难的老爹，而且每天的任务就是想方设法地花出去百万千万。作为一个成熟的人，我们也终将清醒地意识到，过去的终将过去，美好与否，过度沉湎无异画地为牢。

不幸的是，R小姐的家庭条件并不好，更不幸的是，她谈过的男朋友、追求她的男孩都十分舍得为她花钱，其中不乏家庭条件优越者早早地出国——这些美好的回忆和分手的苦痛让她觉得人生本来就该是富足，出国学习不仅可以使生活更加美好而且也是证明自己的一种方式。这种对于顺境的渴望使得她开始了不断的作为，甚至说是一种对于行动的强烈依赖，她的内心是恐慌的——不仅恐慌未知将来中存在的不幸，更是恐慌无作为的人生状态——这样一来，她便对"无所为而为"的乐趣人生产生了自然而然的排斥——殊不知人生中那些可以被世俗认为有所成就的、艺术的、优雅的生活都恰恰在于这些"无为"。我们都喜爱那些有内涵，在事业之外有自己独特世界的女性，反过来会觉得整日以聚会、购物的女性略显浅薄和张扬，因为在同样是自我放松的一件事上，前者往往懂得享受于那些安静的、自我的沉淀时光，而非如同后者将自己弃逐与人山人海之中。

更让我觉得可悲的事情是，R小姐还有一个致命的弱点，就是泛滥的善良。比如她会对死去的蚯蚓盯上半个小时而后伤感死亡，对和她闺密偷情聊骚的男人予以奇怪的原谅，对本该痛快拒绝的男性继续纠缠不清——这种善良的成因并不难解释：佛家所说的"贪"成就了一个人对五蕴和合的众生之体不厌追求，那么她自然需要对自己的贪欲进行一个道德包装，或者用另一种美好的人格来柔化那些刚性的、尖锐的行为。当然，这并不是虚伪的范畴，而是一种自我保护。但这一切对于一个有上述诸多情操的女孩来讲，无疑是火上浇油——她在不知不觉中形成了一种怪异的人格：积极友善又敏感多思，暗藏着强烈的攻击性：当一个人去劝导她该考虑父母的感受时（包括她需要重整的工作和久未落实婚姻等），抑或是介绍一些靠谱青年给她认识的时候，再或者是对她的所谓梦想提出质疑的时候，她会渐渐的开始烦躁，而后勃然大怒，大声质问那个人："你为什么不能试着尊重一下我的选择？"贪、嗔、痴往往都是一齐出现，我们可以说是由贪而嗔而痴，当人"痴"了，便成了三观不正，是非不分。R小姐愤怒的时候正是彻底暴露其鄙俗的时候，不断不断地强调自己需要被尊重，强调自己年轻所以需要奋斗，当对方回避语锋，明哲保身之时，她又会一个劲地追来，非要别人承认言语不当，伤害了她的自尊为止。

是啊，执着，理想，选择，善良，这些都是美好的——当我在写这篇文章之前，不经意看到朋友圈中她转发的链接，无非是"感谢我们曾经的抉择"云云，这样的鸡汤段子如今比比皆是，而她也是处处留意，时时转发——在我看来这真的有些愚蠢了，像是各种转发星座命理的小女孩一样，不同的是，她的岁数已经早不是小女孩了。人总该学会用逻辑与智慧成全、成就自己，而不是通过洗脑的方式用一些根据缥缈的段子麻痹自己——再美好的事物也禁不起不落地的滥觞和不甄别的笃信，再美丽的云端也受不住攀错梯子又不知回头是岸的"有为青年"。

也许读到这里，你会怪我为何对一个女孩子如此苛刻，难道女孩子天真一些、执着一些、善良一些不可爱吗？我要严肃地告诉你：不可爱。诸君先听我再讲一个R小姐的故事吧：曾经有一个男孩十分喜欢她，渴望交往。经过一阵你来我往的聊天后，R小姐去了男孩的家乡，在那里男孩为她订好了酒店，准备好了点心零食，又亲自接机护送，几天下来陪吃陪玩，等R小姐旅行结束后，男孩精心地把两人的照片、视频剪辑成片，配以煽情的台词和音乐寄与她。不出众位所料，R小姐被感动得稀里哗啦，当她绘声绘色地同我描述之后，问我："是不是很值得感动？"我问她："你们在一起了吗？"她的回答是否定的，理由有很多，不外乎感觉不到位，不想异地等等。我给她的回答自然是：不感动。

且不论这是不是一个老油条把妹的方式，也不论爱情的产生和婚姻的持久是否全部在于感觉。我记得刚上大学的时候，校长在一次讲座上说："你们看东西，一开始是看山是山，看水是水；之后是山不是山，水不是水；最后山依旧是山，水依旧是水。"——我想说，唯有一个全部经历过这些的女孩表现出的天真、执着、善良才会让人觉得可爱，不是吗？R小姐人生至此的追求者不少，每段感情亦是付出全部的真心，每次的结局都是惨痛——这些依然都是她不能彻底放下的伤，她执着欣喜于不同恋情中小鹿乱撞的感觉，沉醉于那些小小的肢体接触，感动于那些意想不到的惊喜——这些弱小的情绪当然有它们的可爱之处，却并不是所有男孩都心怀慈父般的大爱，耐心包容女方心智的不成熟并等待她完全独立和懂得如何关怀他人。R小姐的可爱是孩童的可爱，是童话故事里的人格，但童话里尚有妖魔与背叛，何况人生呢？

不错，我们都曾渴望那些五彩缤纷、光怪陆离的世界，渴望那些美好的一见钟情，而当我们真的找到可以让自己平静下来的工作、生活方式，并遇到在一起幸福而踏实的另一半之后，才会发觉自己已然在花丛中享受，身边是花，往前看也是花，即便山峰险峭也是芳香灿烂景象，所以无须疾驰，命运自会扑面而来——到达这一个层面不是代表我们曾经做了多少选择，或是经历了多少具体的事件，而是在水到渠成的过程中自我沉淀的多少，不再有那些刻意的追求，懂得取舍，摊开双手，慈悲地体会生命本真的律动。

你所奢望的将来，其实就是你的当下。

{ 迷惘时，不如听听
内心最真实的想法 }

有个两年前丧夫的学生告诉我，她很为婆婆难过。因为，她的婆婆一直没从丧子的阴影中走出来，活得很痛苦。短短两年间，婆婆仿佛苍老了十岁，头发都白了，腰椎的问题也日益严重，连路都走不了太远。我那学生很想帮她，却无能为力。为什么呢？因为，她找不到活着的意义，也不相信真理本身。是故，她放不下。

一个放不下的人，总是把一切都看得非常实在。她总是希望孩子没有死，还陪在她的身边，不能接受这个世界的无常。但她不明白，世界不会因为她的不接受而改变，一切都不可能重来。当她沉浸在快乐的回忆时，回到现实，就会产生巨大的落差，感到痛苦。她不明白，让自己痛苦的，其实不是那件事，而是她的不甘心。她用不甘心，把自己困在一个不切实际的心愿里。但换一个角度看，这也说明她没有别的期盼，找不到活着的理由，又不得不活。因此，她活得压抑、痛苦，而且非常空虚。

我那学生之所以能从痛苦中走出来，是因为她接受了无常，找到了活着的意义。两年来，她不断为那意义努力着，不留恋过去，不强求未来。因此她活得很满足、很充实，心灵也有所依靠。那依靠，就是真理。至于她能不能实现那意义，已经不重要了。

每个人都是这样。假如你为了某个物质而活，你的精神支柱就迟早会崩塌。因为，物质是善变的，它不可能永恒。这个物质，既包括物，包括事，也包括人本身。每个人，从出生那天起，就在不断走向死亡。得到多少，失去多少，都改变不了我们最终的归宿。那么，何不把一切当成旅途中的风景，不要执着，不要分别，仅仅安住在一种享受和感受当中？超越一切爱憎后，你就会发现，任何风景都是美好的。因为，当一切都消逝，它们留下的，就只有一点温馨。

但是，你先要叩问自己：我为什么来到世界上？我为何而活？然后不断去寻找答案。找到答案时，你就拥有了人生的方向和取舍的参照系。那么，你的人生就不会虚度。所以，你必须把它视为人生中最首要、最重要的问题。

有趣的是，有些人懒得自己去寻找，反而来问我，叫我为他们设定一个活着的理由。我当然感谢他们对我的信任，但我必须告诉他们，这不是一个应该叫别人代劳的事情，别人也无法代劳。因为，每个人只能为自己的意义活着。别人的意义，只能给别人带来前进的动力。

一定要明白，要想活得快乐、自在，就不能活在别人的观点和眼光里，你要训练出一颗属于自己的心。换句话说，你想成为什么人，就去努力成为那个人，不要管这个世界怎么想——当然，假如你想做的事情对世界有害，那就另当别论了——要知道，我们这辈子最重要的，就是践约自己的憧憬和向往。在这一点上的态度，往往决定了我们的行为与进取的方向。因此，它也决定了我们人生的高度、质量与价值。

你想做个小人，就必然成为小人；你想做个君子，就必然成为君子；你觉得自私很好，就必然不会为世界贡献什么价值；你向往佛陀、孔子、孟子那样的伟人，人格就必然会不断升华，最终成为他们。要明白，决定你人生轨迹的，决定你命运的，不是别人，不是世界，而是你的向往，和你对待向往的态度。它就是你活着的理由。

这个活着的理由，就是人与动物的真正区别。

从本质上看，人跟动物的区别并不大，两者都是吃了睡，睡了吃，吃完了工作，工作完再吃，吃完再睡。假如人仅仅为了生存而活着，就会变成一种貌似人的动物。两者都像忽生忽灭的泡沫一样，留不下任何东西，在日复一日的庸碌和麻木中，在随波逐流中，等待死亡。当呼吸停止，平淡且缺乏意义的人生，就会被画上一个同样毫无意义的休止符。因此，我们称之为"混世虫"。

西部文化反对这样的活法，它追求活着的意义。它认为，每个人的活着，都在不断向死亡走去：穷人是这样，富人也是这样；达官贵人是这样，老百姓也是这样；骑毛驴子是这样，开宝马车也是这样。所以，金钱和名利等好多东西，都没有真正的意义。那么，人如何填充生死间的空白？什么才是真正的意义？在这一点上，很多西部人都有自己的答案。

比如，明朝时，西部有个文人建立了一种家族传统：以自己的角度，记录西部土地上发生的事情。他死了，就把文本传下去，让儿子继续记录；儿子死了，就轮到孙子；孙子再传给自己的儿子……他们每一代人都做着这件事，人类就多了一部不同于正史的史书、一部西部人眼中的千年史书——直到今天，他们的家族传统仍然在传承着。这就是他们活着的理由。

我也有自己活着的理由。25岁时，我找到了人生的意义。然后，我用了20年的生命，书写人生中第一部大书。

最初，我还是个孩子。孩子的手臂太过瘦弱，举不起很大的东西，只好先从小东西开始。当我发现自己举起的东西太小，就扔了它，换个重一点的；还是太小，就又扔了，再换个更重一点的……就这样，扔了再举，扔了再举，足足训练了20年。所以，大家看到的《大漠祭》虽是一气呵成的，但为了最后的一气呵成，我演练了无数遍。在那个过程中，我没有任何目的，既不急于发表，也不渴望它给我带来利益。写作本身就是目的。我不考虑成功，也不考虑别的东西，只想好好完成这部作品。因为，它就是我活着的理由。实践这个理由时，我一天天成长，有一天终于长成巨人，才举起了一块巨石。

很多西部人都是这样。西部的生活很艰难，一旦生存与环境发生巨大冲突，人就必须在精神世界寻找答案。例如，我为啥要活下去？一切都在变化、消失，我能依靠什么？我该追求什么？回答这些问题时，好多西部人都选择了爱。

陕北民歌里"哥哥爱妹妹"那种火辣辣的爱，也是西部文化中最重要的东西。比如，西部民歌"花儿"，就将西部人那种愿意为爱放弃生命的坚贞和刚烈，表现得淋漓尽致。

我的小说《白虎关》中记录了大量的"花儿"，所有看过此书的朋友，都被那种质朴强烈的情感打动了。因为，它是爱最本真的表达。它非常朴素、真诚地述说着爱的行为、爱的选择，其中流露出的奉献、牺牲精神，足以令人震撼，让人动容，让人明白了西部女子强大的爱情信仰。

爱，足以让最柔弱的女子，变成天底下最坚强的人，坚强到能够保护和守候她的爱人；爱，足以让最弱小的孩子化身为巨人，扛起超过自己无数倍的大山。所以，对很多西部人来说，爱都是一种巨大的生命能量。《白虎关》的女主人公莹儿就是这样。唱着"花儿"的她，变成了世界上最坚强的女人。或者说，唱着"花儿"的她，继承了"花儿"中爱的力量。这也是西部文化的奇妙之处。

西部文化是一种有生命力的，能影响人心的文化。继承西部文化的人，用爱丰富了这种文化；传承爱的西部文化，又强大了文化传承者的心灵。因此，西部有很多为爱而活的人，我也是其中之一。我成功的依托，正是爱与智慧。只是，我的爱跟莹儿不一样，我的智慧也跟莹儿不一样。所以，莹儿走向了死亡，我却走到了今天。

好多读者还从《白虎关》中读出了一种大象征。他们觉得，书里的沙漠就像人生，这是对的。《白虎关》和《猎原》都超越了西部土地，超越了沙湾农民，上升到世界和人类的高度，有着灵魂的深度。它们都承载了我用生命经历验证过的智慧，也承载了我对人类、对世界最深沉的爱。当然，"灵魂三部曲"也是如此。只要你有足够的真诚，它们就会像母亲的乳汁一样，滋养你们的心，圆满你们的灵魂。有一天，你们就会明白那些文字背后的含义。

{ 别让自我定义 束缚了你的才能 }

M大学念的新闻专业，毕业之际去广电面试。面试快结束的时候，面试官问了他最后一个问题："你有新闻理想吗？"

M嬉皮笑脸地说："其他的嘛我有，但新闻理想呢……一定是没有的。"出乎意料地，M被录取了。这件事在M的朋友圈中被传为一段"佳话"。

后来得知，同去面试的几位同学中，凡是回答"有新闻理想"的全被刷下来了。本来，当时的M已决意"破罐破摔"，未曾料想，竟然"因祸得福"。

此后的两年中，M时常用这个问题叩问自己："我到底有新闻理想吗？"

[1]

短短两年中，M的上司、同事，已经有好几位陆续离开了所在媒体。要么去了互联网公司，要么投入内容创业。留下来的人中，无一不为自己的前途感到忧心忡忡。

作为入行不久的新人，M更是困惑。毕竟，同龄人中，月薪8K、10K者已经不是少数，而自己却拿着仅能勉强维持生计的工资，惶惶不可终日。"理想能当饭吃吗？并不能。"

去年十二月，女友提出要和M分手，原因是家里催婚，"不能再等了"。她把微博上看到一段话发给他："男人最遗憾的事，是在最无能的年龄遇到了最想照顾一生的人；女人最遗憾的事，是在最美的年华遇见了最等不起的那个人。"

M看完无言以对。回想起毕业之际二人信誓旦旦要在帝都扎根的豪情与甜蜜，心里更是苦涩。女友离开北京的那天晚上，M给她发了最后一条短信：

"你走，我不送你。你来，无论多大风多大雨，我要去接你。"

本意是希望女友要是回去后悔了可以再回来。如今看来，只觉得自己傻得可爱。

[2]

刚过去这个春节，回想起来像是一场闹剧。年假七天，有四天被老妈"强制"安排了相亲。前前后后见了七八个女孩，有远方亲戚的表妹，有周遭近邻的闺女，长得都不难看，却没有一个聊得上话。

相完亲去参加同学聚会。恍然发现，当年的发小一个个有车有房，小孩儿都打酱油了。中学同学A说："大学生，现在应该在帝都买房了吧？"同学B说："诶，来来来，喝一个，结婚的时候记得请我喝大酒啊。"……每一句寒暄都令M胆颤。

整场聚会，M一直以嗯嗯啊啊"应付"。并不是不喜欢说话，而是已经不知道怎么与儿时的玩伴沟通了——这种隔阂，让M自己都觉得惊讶。第一次感觉到"故乡"这个词如此陌生。

回到家，父母轮番轰炸，让他放弃北京的工作，回老家考公务员。M眉头紧锁。既不愿违背自己的内心，也不想让父母心寒。"回本地找工作？绝无可能。"毕业那会儿回家乡实习的日子还历历在目。"小城太安逸，节奏太慢了，适合养老，不适合奋斗。"

经过一番复杂的心理斗争，M还是毅然踏上了返京的列车。

[3]

M的直属leader，是一个四五十岁的小老头，可以说是整个台里唯一一位有"新闻理想"的人。但整个台里，也就数他混得最"惨"。他已经在台里工作了十几年，和他工龄相仿的早就在帝都买房买车了，他却一直住筒楼、挤公交。

这位上司非常"执着"。因为行业的特殊性，许多时候，有的选题，鬼都知道明知无法通过，他依然坚持提交。结果毫无意外地被打下来，作废。但下一次，他照提交不误。为此，台里的同事都取笑他"迂腐"。这一点，让M既崇敬，又绝望。

当年学新闻，确实是自己的志向，但真正做了新闻，发现这是一个令人绝望的"江湖"，很多时候，都在做心理斗争——与正义，与道德，与内心，与体制。当然，最令M不堪忍受的，还是穷。

这是一个没落的行业，凭着夕阳的余晖苟延残喘的行业。眼看资深的同事接二连三出走，M心中的怅惘更是无以复加。

[4]

在电影《当幸福来敲门》中有这样的片段：

克里斯在篮球场上问自己的儿子小克里斯托弗长大后想做什么，小克里斯托弗兴奋地表示自己以后想成为一名篮球运动员。而克里斯却说我认为你运动是挺棒的，但是投篮方面并不是很适合成为一名篮球运动员。小克里斯托弗沉默了一会后把球扔到一旁，说，知道了。

克里斯马上就意识到了自己的错误，蹲下来认真地告诉小克里斯托弗：

"记住，永远不要让别人告诉你不能做什么，那个人是我也不可以。"

是的，就算克里斯刚开始说的是一句客观的评论，但却是在给小克里斯托弗下了一个"你不行"的定义。就像他的妻子认为他考不上那个唯一的股票经纪人名额，但他现在是全球十大最伟大白手起家的企业家之一。

即使是井底的那只蛙，它最后也跳出来了不是么。

勇敢地前行吧，还有什么是实现不了的呢？

永远不要给自己下定义，把自己的能力与天赋框在一个小小的围栏中。

{ 人生没有无路可走，不过是路难走一点罢了 }

昨天晚上跟一位特种兵帅哥聊天。

他是我表弟。

当然他现在已经是特警了，还是大队长。

我们已经很多年没有联系了，彼此都不知道对方的情况，就是最近两年，才忽然有一些他的消息。

第一次听说他的职业时，我的想法是，哇，好幸运，怎么就那么幸运地成了人生大赢家呢？

如果我说出他的成长环境，你们就会明白，我的感叹一点都不多余。

他的父母，也就是我的舅舅舅母，都是普通的农民，唯一擅长的就是种地，而且他们住的地方，田地并不是很多。这也就意味着，无论你多么勤劳能干，每年的进账也多不到哪儿去。

表弟就是在教育资源最不好的农村小学读书，成绩也不是特别好。后来就和很多农村小伙子一样，在合适的年龄，选择去当兵。

他的身后没有任何资源，没有有钱的父母，没有强硬的后台，自己也非天赋异禀。这样的孩子在农村真是太多了，他们的出路很有限，要么读大学找份好工作，要么早早出去打工，要么就是当兵退役后出去打工。

几乎没有更好的路可以走。

而表弟面前的路，更是少得可怜，没有读大学，失去了找好工作的机会，在部队里也很难得到晋升的机会，又不能啃老。

　　他没有告诉我那时候他是不是很苦闷，但是以我这么多年的人生经历，我能够想象得到那时他有多么迷茫。

　　真的就感觉无路可走啊，哪一条好走的路都不向他敞开。

　　明白了这些，他不再心存侥幸，而是选择了最艰难的那一条路。他去当特种兵，所在的部队，是中国最牛的特种兵部队。

　　原谅我浅薄的知识，没有办法描述特种兵的辛苦，用他的话说，那就是"最舒服的日子永远是昨天"，我真不知道电视上放的那种特种兵生活是不是就是他们那样的。

　　表弟并不是很壮的那种体型，反而是像宋仲基那样的秀气型。他在特种兵部队里待了五年，他知道自己没有任何依靠，唯一能依仗的，只能是自己。

　　于是，他的人生就像开挂了一样牛×，特种部队所有的高危科目他全都玩了一遍，而且一直都是优，优，优，一优到底。

　　比武拿过很多奖，和国际贩毒集团搏斗过，在对方装备更优良的情况下完胜。他说毒贩是亡命之徒，但他们是头号亡命之徒，更不怕死，所以无敌。

　　好吧，我想象力实在不够用，唯一能想到的，就是电视上的画面。

　　那些年他真的太努力，他甚至说，努力得太久了，都有了受虐倾向。

　　所以，就算没有后台没有钱，那又怎么样，如果你足够优秀，谁也挡不了你的光彩啊。后来他顺利考入特警，现在又成了特警队大队长。

　　这样的结果，在五年之前，谁能想象呢？

　　也许在有些人看来这并没有什么了不起，但一个在最差的环境里，什么资源都没有的年轻人，依靠自己的努力，走出了自己所能走的最好的一条路，这还不够让人热血沸腾吗？

　　他说，别人一步能成功的，他需要走一百步。

确实多走了很多路，但是没有退缩，一直努力地往前走，最后不是一样到达目的地了吗？

没有人在乎你怎么到达的，到了就是到了。

所以昨天聊完之后，我之前的想法全部改变了，他不是幸运，他就是选择了最难走的那一条路，然后一直咬牙走下去，所以才走到了今天。

而他愿意跟我讲这些，只是因为，他觉得我也很厉害，跟他是一样的人，都是在最艰难的处境里，一步步走到了自己都不敢想象的地方，一步步改变了原有的人生轨迹。

我的故事贩卖过太多次，但是今天我还是忍不住想要再贩卖一次。因为我跟表弟，真的是完全差不多的处境，然后一个武，一个文，在不同的路上跋涉前行，最后又都过上了自己想过的生活。

所以我觉得，真的很有必要，把我的故事和他的故事放在一起，再重温一次，虽然他比我牛×一千倍。

刚才我介绍了那么多表弟的生存环境，既然我们是亲戚，我的又能好到哪儿去？唯一不同的，只是在我12岁时，我们家搬到了小镇上，不再种田地，而是做生意，与他们家，也不过隔了半小时不到的路程。

那时候我没有上大学，因为家里没有多余的钱供我，我在家帮忙做生意，每天都很辛苦，也很迷茫。我不知道自己能做什么，觉得人生会一直这样灰暗下去。

你看，一个没有大学文凭，家里又没有钱，长得又不漂亮，智商、情商都很一般，又不是很有胆量的女孩子，能有什么好的出路呢？想找个有钱人结婚都是做梦。

那时候我唯一喜欢的是写作，于是我每天写，写一些自说自话，完全不成章法的东西。

当然没地方发表，那时候我真的很迷茫，书上都说，这条路非常非常难，而事实也告诉我，真的很难很难。

我不止一次想过放弃，但当我看向四周，知道自己根本无路可走时，只好在这条路上继续走下去。

我走得很艰难，也很努力。从家乡的小镇到风景如画的江南，从做生意到打一份仅供糊口的工，无论多忙多累，每天回家的第一件事，就是打开电脑写文章。至于晚饭，随便凑合一下，饿不死就行。

那些年我真的写了很多东西，尝试了各种文体，写过长篇，写过短文，发表过一些，更多的是退稿。

可惜的是，我换了很多次电脑，所以之前的很多文章，都和岁月一起埋藏了。但是，文章可以没有，努力却历历在目。

记得那些年，我从来没有好好过周末，我从来没有看过电视，甚至一度因用眼过度而住了一次院。

现在想来，其实那时我真的走了太多弯路，别人一年就能够达到的高度，我差不多用了五年。

但是走弯路又怎么样呢？比别人多用几年又怎么样呢？重要的是，到最后，我走到了自己想走的地方，过上了自己想过的生活。

我知道，我跟成功两个字八竿子打不着，但我依靠自己的努力，过上了自己想过的生活，摆脱了固有的人生轨迹，不是很值得自豪吗？

我身边的很多人，知道我以写作为生，他们的第一反应往往都是：哇，你怎么那么聪明，真是天才。

只有我自己知道，不是的，我其实资质平庸，这所有的一切，不是幸运，都是我自己一步一个脚印走出来的。

回想走过的那些路，有时候，连我自己都会热泪盈眶。

我相信看我文章的，有很多人，跟我和我的表弟一样，没有啃老的资本，没有好的平台，也非天才。也和曾经的我们一样，一度很迷茫，举目四望，似乎没有一条路可以走。

对于普通的我们来说，能选的路真的很少很少，那些平坦的，那些捷径，那些不费吹灰之力就能通过的路，老天根本不会给我们机会让我们走。而那些灰暗的、邪恶的、丧失底线的路，我们不愿意走，因为我们心中对这个世界还存有善意。

真的无路可走了吗？不是的，还有最难的那一条路，这条路像万里长征，艰险重重，需要我们付出比别人更多的努力和汗水，需要我们抵挡孤独寂寞和一路风雨。而且，还不能保证你一定能到达目的地。

但那又怎么样呢？当无路可走时，与其望天感叹，与其怨天尤人，与其停滞不前，不如选择最难走的那一条路。虽然难走，可如果你一直往前走，早晚有一天，能看到希望的光啊。

最难走的那条路，就是没有任何外力可借，完全依靠自己的能力，去得到一切。

虽然难，但一无所有的我，愿意踏上征程。

第三章

野心越大，
成就就越大

{ 成功不是立竿见影，但仍不放弃努力奋斗 }

很多人决定做一件事情的时候，总是希望一下子立竿见影，立刻就能产生实实在在的好处，一旦稍有不顺或者短时间内还看不到回报，就立刻放弃。其实，要做成一件比较难的事或要想实现一个比较大的梦想，有时候不是一蹴而就的，它需要长时间的实践和探索，这一实践和探索可能是十年八年，可能是更长时间。

[随时随地选择开始，会遇到更多不可能]

今年年初我开始集中大量写文章的时候，我没有想过我的文章会有那么多人关注甚至是给予好评。那时候，我觉得有人关注我都有点不好意思，因为我不是知名作者，我只不过是一名初出茅庐的文字爱好者；我也不是名人明星，可以有那么多成长励志的经历分享给大家。但是，我选择了开始，而且一直坚持到现在，从未间断，后来我发现，随着我发稿量的不断增加，随着我文章获奖次数的不断增多，随着越来越多公众号、网站的推送和转载，我的生活发生了很大的改变，我的心态也发生了很大的改变。这种改变，是一种正向的自我转变，是一种被认可的自我认同，更是一种微笑走向未来的坚定信念。

关注我文章的读者可能都知道，我曾经是一个非常内向自卑且胆小懦弱的小女生。外公到我家里做客，我都躲在床底让父母四处寻找；老师到我家里家访，我一直逃到邻居家一天不敢回来。为了走出这种阴霾，我开始了长达十年的自我修炼。一方面是不断的阅读交际口才类书籍，学习别人如何说话做事；另一方面是不断地总结自己所学到的知识，做好学习记录。这些事情我一做就是十余年，而且从未间断。当时我没想过我做这些事会给我带来什么，我只不过是想让自己告别自卑和内向，敢于和陌生人说上话。可我没想过有一天，这些我曾经开始做，而且一直坚持做的事情给我带来了丰厚的回报。首先是在不断学习甚至可以说是模仿后，我的说话能力有了很大的提升，我开始敢于和不同性格的人交往。其次是我开始敢于在大众面前表达自己的观点，即使站在几百上千人面前发表演讲，我也毫不怯场，甚至还得了不少奖项。而毕业至今，我几乎每参加一次面试，都是轻松拿下的，我根本不知道有些人为了参加一场公务员面试，居然要花上万元去参加培训。更重要的是在我最缺钱的时候，我靠写演讲稿养活了我的全家人，这是我万万没想到过的，也是我至今回头，依然感谢每一次开始的原因。

[别带着功利心出发，否则会很容易失望]

很多人总喜欢对别人说，你做这个事情或者那个事情有什么用，又不能当饭吃或者产生经济效益。刚开始好像我觉得这些人的说法还是有点道理的，但是后来我转念一想，觉得不对，毕竟你只是看到开始，但是谁知道十年后甚至是二十年后呢。有时候，不要看到别人开始做一件事情就急于下定论，也不要急于去否定。要知道量的积累会发生质的改变，一个人专研某一方面事情长达十年甚至是二十年，我相信他不是专家也是行家。而成为专家或者行家的结果是什么，相信这个是不言而喻的。我刚刚开始写稿的时候，我没想过我有一天会有稿费收入，我也没有想过我的某篇文章几个小时点击率达到好几万，我也没有想过我的文字会被多个公众号转载，我有一天可以拿全市征文比赛一等奖，等等。我想，如果我起初开始写稿的时候，总是想着它应该给我带来多少回报，能够有多少人愿意看，我应该坚持不到现在，也应该不会在取得小小成绩的时候感到那么幸福和快乐。因为不管做什么，起初的日子总是孤独的，总是要经历一段时间无人问津的。就像当初我写文章的时候，我会叫我熟人阅读我的文章，有些人直接就说没时间看，而有些人看了觉得我写得不错，会怀疑是不是出自我之手，后来，当我文章被更多人知道的时候，又有人觉得那一定不是我的水平。这就是很多时候我们做任何一件事情的开始，这个时候，如果带着很功利的心去做，就特别急于求成，特别迫切想拿出成绩证明给别人看，而一旦一段时间没有成效就很容易产生挫败心理，这种心理很容易让自己推翻自己当初的正确决定，进而轻易就放弃了自己所做的事情。

我有个朋友两年前开始炒股，一门心思想通过炒股赚大钱，想着有一天自己不用上班就可以不费吹灰之力拥有富足的物质生活。刚刚开始的时候赚了点小钱，就异想天开，觉得赚钱没那么难，于是投入越来越多，谁知道后来股票行情不好，做了几个月后，非但没有赚到什么钱，还把自己的本钱差不多亏空了，很快坚持不下去就放弃了。有一次遇到他，问他为什么不做了，他垂头丧气，说自己以后再也不玩股票了，再也不会做一夜暴富的梦了。我看到他哭笑不得，当年一个信誓旦旦一定要靠股票赚大钱的人，没过多久就像一只刚刚从格斗场败退下来的公鸡，失意落魄，魂不守舍。

其实这样的例子非常多，所谓希望越大失望越大。有些事情不是你想做多大就可以做成多大，有些梦想不是你说什么时候可以达成就可以如愿以偿的。带着功利心出发，往往很容易失望。

[给自己多一点时间，别对梦想轻言放弃]

马云1995年开始投资创业，今年五月他获得了2016年新财富500富人榜第三位。很多人看到马云今天的成绩，一定羡慕不已，也一定觉得他就是个神话。没错，马云在我们每个人眼里他就是神话。可是，你有没有发现马云获得今天的成绩，不是一天两天的事情，仔细数数，他用了整整21年时间。也就是说如果中国人的人均寿命达到80岁的话，他用了整个生命的四分之一在坚持做他的电子商务帝国梦。如此看来，连一个被国人称为是神话般的人物，被外媒称为是像巴菲特一样充满智慧的人，都要用那么漫长的岁月来构筑自己的一个伟大梦想，作为凡人的我们，是否更应该多给自己一点时间呢？

前几天我和一个同样是文字爱好者的网友聊天，他告诉我他开通博客写文章已经两年了，至今为止文章阅读量每篇几十到几百不等，很少有上千的。他问我为什么那么短时间会有这样的访问量，问我为什么文章能够多次被推荐。我当时愣了一下，因为我没想过这个问题，我觉得自己也仅仅只是个开始，成绩微不足道。后来我就说可能是我比较幸运吧，其实我是想安慰他，不要轻言放弃。你知道为什么我不会说如果不想写就不写了之类的话吗，因为我觉得一个人，如果连他自己那么喜欢，而且能够坚持做那么久的事情都没有那么容易出成效，换做其他事情，结果又容易到哪里去呢。

有时候，多给自己一点时间，才会等到奇迹。我前些日子听过一场国内金牌制作人、唯众传媒创始人杨晖女士的演讲，她演讲的题目叫《你想要的，岁月都会给你》。她说很多人看到她创办了《波士堂》《开讲啦》《中国青年说》等50余档知名节目，得过70余项国家级、省级大奖，都认为她天生就是为电视而生的，都以为是天赋。实际上，她从湖南卫视一个临时工到正式工，花了3年时间，而从一个正式工到一个节目编导，花了13年时间，到如今成为国内金牌制作人，她用了22年的时间。杨晖女士在演讲最后，说了这样一句话：你想要的，岁月都会给你，但前提是你必须扎扎实实地走好每一步，做出所有可能给你实现梦想机会的所有努力。杨晖女士的这句话，想必对每一个人的成长，都是很好的启迪。

我想，我们现在所做的每一件事情，也许是被人瞧不起的，也许也是还看不到成效的，但是，不管怎样，最好别轻言放弃，因为我们选择开始，只不过是为了让自己十年后有所不同，而并非一定是现在。所以，请多给自己一点时间，让自己能够更加竭尽全力去实现梦想。

庆幸我没有成为计划里的那个自己

前几天跟一个小朋友聊天，她特别丧气地告诉我，"每当年关的时候，我都觉得自己失败透顶，年度计划没有一个按期完成的，白白活了一年。"

然后，她慷慨又羞涩地发来了自己上一年的计划，"姐姐你说，我连这么简单的计划都完不成，是不是没救了？你能不能让我看看你的计划都是怎么完成的呀？"

还没等我答应，就看到她发来一张整齐的表格：

第一条，今年考过计算机C语言。第二条，十二月之前攒下3000元。第三条，暑假去一家会计事务所实习。第四条，三月份去竞选学生会外联部部长。第五条，六月份之前找个男朋友。后面附着认真整齐的每日记录、每周记录、每月记录和完成情况。

我一边默默汗颜地藏起自己写过的、没有任何定期记录的年度计划，一边打岔问她："要不，你聊聊自己的计划为什么都没完成呗。"

小朋友发来几个不好意思的表情，"就是觉得，计算机考试好没意思，而且跟我的专业也不大挂钩，实用性也不强，还不如去考个商务英语呢。而因为这个考试，报名和培训班的费用那么贵，所以钱也没攒成。暑假是跟表姐一起去青海支教，所以也没实习成。三月份的时候忙着考报关资格证，所以忙得连竞选的事儿都忘了。"

"至于男朋友……"她顿了顿，"我忽然觉得，自己好像不再那么需要有人陪着了。我一个人去上自习，一个人打工，一个人去图书馆，虽然有点孤单，可是感觉居然还挺好的。"

"连男朋友都不想找了，过得这么充实还觉得自己失败？"我开始觉得她是在手机那头带着不怀好意的狞笑反讽老人家。

"可是，我没有变成我想要成为的自己。"她发来一张难过的脸，"为这个，我已经闷闷不乐好几天了。"

"我并没有变成我想要成为的自己。"听上去多可悲的一句话，像是我们从来不能掌控的人生。

大二的时候，我想要做人见人怕的学霸，每年把最高等奖学金砸到那个笑我"学习有什么用"的舍友头上，可是因为搞乐队和玩辩论，耽搁了太多时间，以至于每年那点微薄的奖学金只敢偷偷地自己收好。

大四的时候，我想要学会做菜，却被一家非政府组织的慈善项目吸引去应聘了实习生。我整日穿梭于一场又一场的会议，没完没了地出差和整理翻译的文件。

工作第一年的时候，我想，一定要有一次说走就走的旅行，去西藏。刚订好了机票，就接到公司派下来的新项目，我只有默默又很"怂"地退掉了机票。退票的钱和我原本完美又小资的计划死在了一起。

2015年的时候，我想要考日语，想要啃好多好多艰涩、难懂、高大上的巨著。结果，日语考试因为要出书改稿子占用太多时间而不了了之；那些被我兴冲冲一口气买回来，放在书架上几乎落满一层灰的巨著，被翻开的次数还没有我看美剧的次数多。

我并没有变成我想要成为的自己，以前不会，以后应该也不会了。可是我从未觉得，因此我不能成为比之前的我更好的人。

那些至今依然留在心里的旋律与歌词；那些一想起来就会好开心的排

练；那些为了寻找论据，或囫囵吞枣或一丝不苟读完的《经济学人》和《社会契约论》，比我背过的任何一篇课文都要记忆清晰；还有那些在电脑前熬夜查资料的日日夜夜，练就了我凭借一点蛛丝马迹就能串联起关键词的能力，以及五种以上去外网搜资料的方法。

我依然需要靠外卖为生，也最终没能去一趟西藏，可实习那段时间大概是我此生英语水平最高的一段时期，无论多复杂的长句和多快的语速，几乎都可以不用反应脱口即出。在新项目中认识的同事也成了我在公司最好的朋友。我们一起重读金庸，一起重读《红楼梦》，然后唇枪舌剑去争执讨论，这远比我孤零零地去一个陌生的地方只为"看一看"更加有趣。

没有报名日语考试，没有读完任何一本我以为可以看懂的《浮士德》《管锥编》《围炉夜话》等等等等，但却在《夏目友人帐》中看到了一种温柔的强韧；在《摩登家庭》里学到了一种从未见过的沟通方式；甚至在许多看似"碎片"的知乎答案和公号推文中，想清了自己二十多年都未曾理解的东西。

我喜欢那个能够按时、按计划、按想象去成为的我，也喜欢现在的这个自己。

生活本来就是个最具变量的东西，没有任何人可以确定自己的明天：明天你所想要的会不会跟今天一样。现在你视若珍宝的，是否转眼就会弃如敝履。可是换取的，永远跟失去的一样多。而那些不曾预料的获得，比胸有成竹要更让人喜出望外。

我知道，我终将成为更好的人。所以，可以放心地不再用具体的条条框框来限制自己。在偶尔颓废到不想翻书、不想写字、不想上班的时候，也不会紧张到怀疑自己是不是得了抑郁症。在沉迷进一部好的剧集之时，不再自责地觉得荒废了时间。在失败的时候，不会灰心到去质疑努力的意义。在小有所成的时候，也用不着刻意去维持什么低调谦虚。

因为我知道，我终将变成更好的人，无论如何。我放弃了某一项计划，并不代表放弃了成长。

或许这条路跟我最初预想的并不一样，但有什么关系呢，不过是殊途同归而已。不去拒绝生活带来的任何一种可能性，才是对待生活最好的方式。

那些因为交换而获得的许许多多，并不是可以被具体量化进字里行间的一二三四，而是明明说不清道不明难与人言却无时无刻都能感受到它带来的改变和成长的存在。

或许有一天，我回头看时甚至还会感到庆幸，庆幸没有成为最初计划好的那样，而是成为了一个意想不到的自己。

{经历过最糟糕，所以更懂得努力的意义}

[1]

我经常在夜晚路过中餐馆的时候，心想着怎么有人这么不怕苦。

他们在晚上十一点还大敞着门，煎炸煮炖，洗洗涮涮，一对小夫妻忙活着七八个人要做的事，让旁边数家九点就打烊的当地餐厅显得冷清，而想必第二天他们又要顶着日出，去买菜上货，切菜备肉，招呼顾客，算账关门……三百六十五天，生活就是这样重复着每日16个小时的辛苦。

在新西兰，中餐馆大概是最辛苦的营生。

做穷学生的那两年，我在很多中餐馆打过工，老板通常都是移民了几十年的人，个个是精明能干的角色，常年驻扎店内，一切需亲自把关，从早上九点，到晚上十一点，必定第一个出现最后一个离开，从不问辛苦。

我一直不太明白，为什么这些身价百万千万的人要继续做一份操足心的生意，他们本可以在豪宅中在游艇里安享晚年，却要把人生投放在不肯停歇的事业里。

记得刚来新西兰的时候，认识一个六十多岁的阿姨，明明儿女已经长大成人，一人是博士一人有自己的生意，她却偏偏要找一份超市包蔬菜的工作，和青壮年站在冷库里干粗活，每天整十个小时，带着一副不输给任何人的劲头。

她午饭要吃两大碗，喜爱和年轻人说起过去的日子，"我出国那阵子岁数就不小了，离了婚，带着一双儿女，因为不会英文，国内带来的文凭全都用不上，只得给人洗衣做饭，从早到晚，支撑一家人活下去。"

每当有人问起，"阿姨，你的儿女那么有出息，你还出来打什么工？"

阿姨说，"总是怕回到过去那样的生活，才一直不敢松懈啊！"她眼光掠过年轻同事丢掉的饭菜，心痛地说，"浪费就是造孽啊！"

让人突然想到那些中餐馆的小老板和老板娘们，如此辛苦，大概是因为：

那营生，曾是他们唯一所能抓牢的东西。

[2]

我在看老四写的一本书，这本书（被禁）是关于某段特殊历史时期越南难民偷渡到各国的实录。

那书中写道，那些想逃出战争的人，把全部积蓄压在一个逃亡的计划上，连夜赶往一艘超载的小船上，在充满屎尿呕吐的船舱内，任由海浪的冲拍，就这样被上天安排了生或死的命运。

那些逃亡的人中，有怀胎七月的女人，有护着三个孩子的年轻母亲，有年迈虚弱的老人，有一夜长大的少年，他们轻则遭到暴风的袭击，重则受到海盗的掠夺，女人受到奸污，男人受到暴打，婴儿被抛下海，奄奄一息的老人被咧着嘴的海盗一剑结束生命，那剑抽出来，都是生命的颜色。

那些幸存的人在陌生国家的繁华里登陆，或澳洲或美国……不再回头看向家的方向，忍辱负重，苟且偷生，却不久后用双手建立生活。

外媒赞扬他们顽强，却不知道经历过死的人怎怕活下来。

这本书中有三十多个偷渡家庭的故事，我发现绝大多数偷渡而离开家乡的越南人的后代，都成为了社会的精英，他们成为商界人才，有名牙医，大学教授……人们再无法把流动在上层社会的他们，和历史画面中那些偷渡而来的饥饿的孩童联系在一起。

想起曾在电视中看到有人采访社会精英的难民父母，"您是如何培养他们的呢？"

这一刻我不禁笑出声，哪有什么培养优秀子女的诀窍，只不过是因为见识到了最坏的生活，才知道努力是为了什么。

[3]

青春期时我的母亲总是斥责我为何不能成为最优秀的那一个，而如今她却总是极力阻挠我去努力。在她眼中我像是个机器人，可不吃不喝地工作，专注而变态地，直到目标达成的那一刻。

我在国内匆匆待了几天，她把攒了一年有余的坚果拿出来为我剥好，忧心忡忡，"你用脑过度，需要补补。"

我回到新西兰后，她又在遥远的地方叮嘱我，"一定要好好睡觉，好好吃饭，这才是人生正经事。"

然而她并不知道，那对她隐瞒了的颠沛流离的过去，是我再也不想经历的人生。

我睡过很多地方的地毯，才知道一张暖床的舒适。

我吃过太多的残羹冷炙，才知道温热食物的美妙。

我度过太多孤独的日子，才知道成长起来的可贵。

我被太多人踩在过脚底，才知道站起来的必要。

……

在做一次分享的时候，我对眼前二十多岁的读者朋友们说起异国经历，

"睡潮湿的只容得下一个人的出租屋，每一天花十四个小时在外面谋生活，开被别人唾弃的掉漆严重的二手车，一份员工餐当成三顿来吃每花一分钱都需要计较，讨要工资无果急火攻心病倒了哭累了第二天依旧要出门去赚钱……"

我在最后总结说，"年轻时苦过穷过很必要。"

人群中有人歪着头，等待一个解释。

我从没有如此用力地说过一句话，它分量太重，足够让一个人懂得，这一生都要用怎样的努力，去避免糟糕的命运重演。

{ 之所以努力，是为了 让自己过高品质的生活 }

2011年，我20岁，大学毕业，收到聘用offer，一个人来到了现在生活的城市。怀揣一张毕业证和大学兼职剩余的几千块钱。我对自己说：你得在这个城市活下来。一个人，吃住是最大的问题。我最先的考虑是住在公司附近，找了几家中介，问了一下房租，我就傻眼了：哪怕是最小的房子，我也无力承担。和很多人一样，我最终选择了城中村，环境脏乱差，和周星驰的《功夫》里你所看到的场景一模一样。卫生间是公用的，厨房是没有的，衣服像彩旗一样从一楼一直挂到了十几楼。楼道里常年都是湿嗒嗒的，泛着贫穷所特有的潮气。房东大叔为我打开其中一个屋子，我看了看那张小小的床，觉得沮丧极了。要知道就在前一个月，我还在和同学把酒话未来，描述自己心中理想的房子，就算不能面朝大海，至少也要有一扇大大的落地窗。

可眼前，只有一个大叔拍着我的肩膀说：陈寨，梦想起飞的地方。我很怀疑，这样潮湿的环境能滋生怎样的梦想？但就这么住了下来。那时候我想，我一定要好好工作多拿奖金，趁早搬出这个破地方。城中村是个很奇怪的地方，我更喜欢称它为"村中城"。一个小小的村子，囊括了城市的声色犬马，酒吧、KTV、餐馆、服装店，应有尽有，当然基本都很廉价。

可即使是那种廉价的奢侈，我也消费不起。通常我只是穿过长长的小吃街，买两块钱的小菜拎回家，边吃边熟悉报社的一些策划啊，流程啊之类的。要把钱留下来解决基本的温饱啊，毕竟距离拿薪水还有一个月的时间。

生活的美妙，往往在于它的出乎意料。

到了发薪水的日子，我没领到薪水。那一阵公司重组合并，财务上的流程没有走完程序。所以，我更穷了，渐渐地，连晚餐那两块钱的小菜也省掉了。住在隔壁的姑娘问我："咦，你最近怎么都不吃晚饭了？"我笑了笑，回她："减肥啊。"然后关门忍着饿，继续写公司的策划，写专栏。一直到我工作的第三个月，薪水也没有发下来，我手里能用的钱，只剩20元。当然我可以开口管爸妈要的，但一想到毕业了还做伸手党，觉得不好意思，所以我就逼自己说，再忍忍看。

接下来的一周我靠吃挂面度过，用一个电热杯煮点面，配一点咸菜，那是我最穷的岁月。我觉得快撑不过去的时候，有个同学告诉我说，她认识一个摄影师，可以拍一组淘宝衣服的穿搭，酬劳是500元，我就同意了。照片快拍完的时候，主编给我打电话，说有个很急的稿子让我赶一下。我于是匆匆拍完，妆也来不及卸干净，浓的掉渣的粉糊在脸上，成片的掉。但我没时间注意这些，背着包就往网吧赶。走到城中村口的时候，一个男人给我递了张纸条，上面是他的手机号码。我印象非常深刻，因为他对我说："多少钱一晚？"我呆立在那一会儿，捏紧那张纸条走了，我当然没有给他打电话，但那张纸条我留了很久，我想记住那种耻辱感。

之后，我拿了其中400元钱批发了一些女孩子的饰品，在晚上下班的时候练起了摊，因为款式新，价格也便宜，竟然很畅销，不到一个月，我赚了几倍。练摊最多到9点半就结束了，我强迫自己看书或者写两个小时的文字，那时候，也没什么具体的概念，就是写一写平常读书的感悟。其中一篇，被一个杂志选用了，北京一个出版社的编辑刚好看到，觉得不错，就联系了我，她对我说，她要策划一本必读经典的书评类的书，希望我能写几篇样稿，如果通过审批，就签出书合同，预付30%的稿费。

你怎样理解生活品质？

那时候我没钱，也想尝试一下，就同意了，她对我说，你只有一晚上的时间，1.5万字的样稿，明天早上八点之前，收不到稿子，就算了。可是我连笔记本电脑都没有，平常都是写在日记本里，第二天趁午休敲在公司的电脑上。所以我只能去网吧，那一天我在网吧写了一整晚，周围人声嘈杂，我带着大大的耳机，靠强大的念力驱散烟味、泡面味才能进入自己的世界。

第二天早上的六点钟，我才把稿子发过去。两天后，编辑告诉我通过了。之后，我逐渐告别了那段最穷的日子。我写这些，不是想说我有多努力，而是想说，当穷到吃饭都成问题的时候，人很难活得光鲜亮丽、姿态优雅。相反，很狼狈，很憋屈。

所以，当我的专栏负责人和我说，你能不能写一写关于"品质生活"的话题，比如"房子是租来的，但生活不是"之类的，写一写穷人是如何保障生活品质的。我把这段经历讲给了她听。我说，你说的那种"品质生活"我真的不能写。我经历过那样的穷，也过过租房的生活，对于很多租客来说，他们真的不会花那么多钱去改造一个出租屋，他们想的是如何赶紧挣钱、攒钱，买一个属于自己的房子。对于出租屋，大部分人的要求是干净、整洁、能住就行。那个改装房子的姑娘，可能根本就不差钱。

对于挣扎在温饱线的人来说，真的谈不上什么生活品质。别人把买酸奶不舔瓶盖当作一种生活品质，但穷到吃挂面的我，连舔瓶盖的机会都没有。

如果真要说有什么品质的话，大概就是那颗素心吧——那颗朴素的想把生活往好了过的心。因为想把生活从喘气变成呼吸。

也是因为这点素心，后来我认识了几个好朋友：颜辞、李娜，还有赵晓璃。和我一样，她们都是很普通的姑娘。不急功近利去求，不机关算尽去争，而是脚踏实地一寸寸挣出现在的生活。比如颜辞，年纪轻轻就当了公司高管，可是再往前几年的她啊，花25元钱买份酸菜鱼，吃完鱼，吃酸菜，吃完酸菜，用汤下面，真的把一份酸菜鱼，吃到酸掉。比如李娜，漂在大北京，供职于体制，本应朝九晚五，偏偏朝五晚九。即使现在，我们也不是什么牛×闪闪的人。最多也不过是喝酸奶不舔瓶盖而已。我问她们三个，怎样理解生活品质。颜辞说，没穷过的不懂底层的挣扎，没富过的不懂上层的奢侈。也许唯有生存已然不是最大的问题，我们才有精力去思考生活品质。

有一句话叫：饱暖思淫欲。当我们还没有饱暖的时候，心心念念的仍然是饱暖。你不懂为什么别人买豆浆，喝一碗倒一碗，你不懂为什么有人穿着一栋房子满街溜达，你不懂花数百万去旅行有什么意义。所以他们所谓的那种生活品质你理解不了，你也做不到。我写了也白搭。

阶层不同，不光能要的不同，想要的也绝不相同。所以品质这回事，还真的挺因人而异的。我只能写我自己，写和我一样的普通人，写每一个经历过贫穷，但没有就此委顿下去的人。从生存挨到生活，把喘气变成呼吸，并不是一件容易的事情。

你要跳过生活给你设置的重重障碍，KO掉一次又一次的绝望，熬过日复一日的辛酸，躲过绵绵不绝的轻蔑，才挣回那么一点点不舔瓶盖的资格。

那么让你一直撑到现在的究竟是什么？

我想，有一点向死而生的勇气，还有一点朴素向上的力量。如果非要说，有什么是贫穷生活里最具品质的，大概就是那些支撑你走到现在的东西。

反正这篇文我只能这么写。因为我知道，那段贫穷的日子里，使劲儿地抬手去碰一碰好生活的自己，才是最有品质的。

｛过自己想过的生活，是幸运更是努力｝

前段时间，有个朋友说我很幸运，能够依靠写作顺利转行，成为一名以写作为生的自由职业者，然后又学习心理咨询，成为一名心理咨询师，做自己想做的事情，过上自己想过的生活。

我承认自己是幸运的，有很多与我一样热爱写作的年轻人没有实现自己的梦想。我知道写作拯救了我，也改变我的命运，这是我的幸运，但这份幸运的背后也有一份独自努力，默默承担的困苦与艰难。

20岁那一年，作为一个农村女孩，连续两次高考失败，使我陷入非常抑郁的情绪中。在最初3个月的大学生活中，白天我表面上装作若无其事的样子，和大家一起上课下课，吃饭聊天，每到夜晚我就陷入失败所带来的羞耻与自责的痛苦情绪中，失眠很长时间都伴随着我。

后来，我开始每天都去图书馆，因为寒冷的冬天，那里有暖气，也有书。当我重新捡起自己初高中时代的爱好——阅读和写作时，我获得了内心的平静与治愈。大学毕业后，我坚持白天上班，晚上读书写作。就这样，过了两年，我出版了自己的第一本书。

我靠写作改变了自己的命运，有无数其他的女性写作者也是如此，靠写作拯救了自己，无论是物质上的，还是精神上的拯救。这其中，我最容易想到的人是J.K.罗琳，她从困顿到成功的经历简直就是一个传奇。

1990年，罗琳25岁，她45岁的母亲因病去世，她也没能见上母亲的最后一面。而彼时，她的工作又很不顺利，大学毕业后，她当过一段时间秘书，在曼彻斯特大学工作了一段时间。后来从英国只身前往葡萄牙发展，教孩子们英语。不久，一位名为乔治·阿朗特斯的新闻系学生对罗琳一见钟情，两人很快便简单地结了婚。但是这段婚姻来得快也去得快。女儿杰西卡出生，罗琳与丈夫维系了三年的婚姻也走到了尽头。

母亲过世，婚姻破裂，伤心欲绝的罗琳带着3个月大的女儿回到英国，住在爱丁堡一间没有暖气的小公寓里。那时她失业，靠着微薄的失业救济金养活自己和女儿。生活的穷困潦倒，命运接二连三的打击，作为一个单身母亲的罗琳患上了严重的抑郁症，曾试图自杀。在这样物质和精神都极端艰难的情况下，罗琳也从未放弃过自己，放弃过写作。

她寻求帮助，接受了约9个月的心理治疗。同时坚持写作。冬天，自家狭窄的屋子寒冷，无法写作，罗琳便推着婴儿车到附近一家有暖气的咖啡馆里写作。就这样，她写出了自己第一本《哈利·波特与魔法石》，前后共花了5年时间，但一切并未从此顺利起来，故事完成后，罗琳挨家挨户地寻找出版社，但屡次碰到钉子，多次寄出的书稿也均遭到拒绝，但罗琳没有放弃，她的故事和诚意最终打动了Bloomsbury的出版社，他们决定出版这部小说。

她的努力终于得到了回报，新书一出版便备受瞩目，成为畅销作品。截至2013年年底，《哈利·波特》系列7部小说被翻译成65种语言，在全球各地卖出4亿本，创造了出版界的世界纪录。《哈利·波特》系列改变了罗琳的命运，是她成为全球最富有的作家之一，连续多年蝉联全球最富作家排行榜。如今，她也早已有了一个完整的家，儿女双全，一家人幸福地生活在爱丁堡。

有很多人会说J.K.罗琳很幸运，但是在我看来，她的幸运背后是无论生活遭遇怎样的艰难和挫折，她都不放弃自己，不放弃自己喜欢的写作，不放弃努力去改写自己的命运。一般来讲，那些相信"命运操之在我"的人比那些认为

"命运天注定"的人，更容易改变自己的命运。

但是，对于很多女性来说，相信自己可以把握命运是非常困难的，她们虽然对现状不满，但是会有一种类似"习得性无助"的心理特质，好像认了命般习惯于让自己陷在痛苦的泥沼中，不敢迈出改变的第一步。

比如有的女性非常厌恶目前的工作，但是不敢离开，去做自己喜欢的事情，总觉得自己什么都不会，养不活自己。有的女性婚姻很不幸，也不敢选择离婚，总是害怕自己一个人无法过好。这跟女性的自卑心理，不相信自己内在是有改变命运的力量有关。

在组织团体心理成长的活动过程中，我看到许多女性总觉得自己不够好：我不够漂亮，我不够瘦，我不够聪明，我学历太低，我能力不行，我懂得的东西太少……她们对于自己通过努力得到的东西会认为"那是我运气太好"，对于自己目前没有拥有的东西会认为无法改变，因为"我没有那个运气"，内在的自卑让她们很多时候看不见自己有改变自身命运的能量。

这跟她们从小所接受的打击教育有关，跟整个社会对女性的刻板思维有关，这让作为女性的她们觉得自己是无力的，自己是不如男性或者其他人那般优秀的，这样不够好的自己，配不上更好的人生。但改变命运的力量，存于我们每一个人的内心，你的内在本拥有足够多的资源和力量让自己过得更好。

有人曾告诉我，她的朋友H的故事。H中专毕业后在家乡一个三四线城市的电厂上班，31岁时因为丈夫长期酗酒而离婚，身无分文的她带着6岁的女儿来到陌生大城市打拼。刚开始在一家理发店里帮顾客洗头，住着小小的隔断间，买菜市场最便宜的菜，远方的亲朋好友都认定她无法在这个城市立足。

后来，她存钱去上自己喜欢的美容和化妆的课程。课程结束后，她工作日在影楼上班，休息日的时候自己接私活，给新娘化妆，做造型。再后来，她开了自己店，经过七八年打拼，拥有了近十家连锁店，不仅有了自己的事业，摆脱了当初的穷困，还觅得一如意郎君，再婚生子。

无论是通过写作还是其他的方式改写了自己的命运，过上自己想过生活的女性，都是从不放弃自己，不放弃学习和努力，对生活抱有坚定信念的人，她们敢于做出选择，而每一次的选择都在一点点地改写自己的人生。面对困境，只要迈出改变的一小步，做出选择，生活就像多米诺骨牌，被推动着前进，某天回头看，改写了命运。

我很喜欢汤唯近期为SKⅡ拍的一支名叫*The change destiny*的视频。在视频里，她擦去脸上的烟熏妆，响起内心的独白：每一秒，我们都有机会，让下一秒变得更好。因为真正决定命运的，不是运气，而是选择。所以，请放下顾虑，忘记你不够好，请放下偏见，放下伪装，放下世俗的认可和完美标准。改变命运的力量，存于我们的内心。你是谁，只因为你想成为谁。

众所周知，汤唯最初虽然演了许多戏，但似乎都不怎么红，后来大胆出演《色戒》，一举成名却遭到过封杀。封杀时间甚至长达2年，但封杀并没有让汤唯一蹶不振，她远赴英国留学进修，学得一口好英文。后来，她带着新作品复出，我们看到了《晚秋》《月满轩尼诗》以及再后来的《北京遇上西雅图》《黄金时代》。她从自己的困境走出来，华丽转身，成为了全民喜欢的女神。

J.K.罗琳说："曾经跌落深邃的谷底，却变成日后重生深厚的基础。"对于汤唯和其他从困境中逆袭的人来说，也是如此。如果你现在的生活不是你想要的，令你不满和痛苦，请不要灰心，不要放弃希望，唯有你才能真正地拯救你自己。改变命运的力量，就存在于你的内心。你的使命便是通过选择坚持和努力，在现实中踩出自己的羊肠小路，走上更开阔一点的大道上去，让自己更靠近梦想的生活。

对待你的梦想，请严肃一点

"那时我们有梦，关于文学，关于爱情，关于穿越世界的旅行。如今我们深夜饮酒，杯子碰到一起，都是梦破碎的声音。"

这是我之前很喜欢的一句话，暗含一种值得玩味的无奈。

越长大，越觉得，"梦想"是一个"幼稚"的词。小学的课堂里，老师问"你有什么梦想"，孩子们争先恐后地回答，"我要当老师""我想成为一名科学家""我要做宇航员"，面孔稚气而明亮。同样的问题，若是放到大学的课堂，得到的回应，恐怕只有满堂沉默吧。

不知从什么时候开始，我们慢慢地不敢说梦想；再后来，竟然不敢想梦想。

上个星期，我进行了一次职业生涯咨询。朋友问我有什么收获，其实没多少"实际"的收获，最大的收获是，我看清楚了自己想要什么。

我对咨询师说："摆在我面前的有三条路，第一条路呢，很多人想走，但得到机会的人很少，而我有这样的机会；第二条路，会辛苦一点，不过成长也会更快；第三，条路比较小众，但好几个前辈选了，他们看起来过得很光鲜。我该何去何从呢？"

咨询师问我："你想走哪一条？"

我蒙了："我就是不知道自己该走哪一条，才来咨询的啊。"

咨询师说："你刚才只是分析了眼前几条路的利弊，但没有提及你个人更喜欢哪一个，更倾向于哪一个？"

我想了想，发现这三条路，虽然是身边同侪的常规路径，但其实，哪一条都不是我所向往的。

——回首过去，我似乎一直在努力做那些大多数人看起来很厉害的事，但其实，那些不是我想要的啊。

咨询师又问我："如果让你给职业生涯做个规划，你五年后想要做什么？十年后想要做什么？十五年后又想做什么？"

说真的，我不知道。

我努力地想象着，过了半天才唯唯诺诺地开口："其实吧，我自己想做的事儿，挺可笑的……"

看着她鼓励的眼神，我才继续说下去："我呢，现在在打理一个自己的公众号，写写文章什么的。我真正想做的事情根本不是在企业工作，而是走一些我想去的地方，和当地的人聊一聊，写下他们的故事，靠稿费和读者的打赏谋生。虽然真的很不切实际，但这算是我的梦想吧。"

咨询师没有打断我，我便开始了漫长的独白。

虽然在企业里，也同样是靠写东西赚钱，但是因为公司类型的限制，我的选题总是比较单一的，要写的内容也要根据公司需要来安排，总归不自由。况且，我觉得文字这种事情，审美是很多元的，你觉得喜欢的，上级可能觉得太冒进，每当要一而再，再而三地改稿时，我会觉得心很累。我根本不知道上级到底要的是什么，还是说，他就只是想要我改到deadline的那一刻为止？

而我喜欢的事情，是和不同的人交流。每个人的经历不同，对这个世界的看法就截然不同，我喜欢和不同的人聊天，不带评判性地去记录他们的观点，这对我的启发很大。

我之前做过一件事情，"一张照片换一个故事"，和陌生人聊天，用一张拍立得的照片，换一个故事。每一个寻常的过客，身上都承载着许多的故事。你可能和一个做社会企业的人聊完天后，产生了对奢侈品行业的思考；你可能和一个走过很多地方的背包客聊完天后，产生了对贫富悬殊问题的忧虑。

我很喜欢和陌生人聊天，因为我自己的经历是有限的，而和一百个人聊过后，我就有机会体验一百种不同的人生。

所以，如果不考虑任何外界因素，我最想做的，是四处走走，和不同的人聊聊天，靠写字养活自己。

"哈哈，是不是很扯？我还从来没有跟任何人说过这些想法。是你问了，我才敢坦诚地说出来——也是随口一说啦，太不切实际了。要是把这些想法告诉我爸妈，他们一定以为我疯了。"自白后，我替自己圆场，试图把自己从一个理想主义者洗白成一个靠谱的现实主义者。

在这个时代，谁会把"作家"当一份正经职业？靠写字赚钱，没有稳定收入，没有合同，没有保险，这太不稳定了，说出去肯定会被别人笑话的。

可是，咨询师很真诚地看着我说："我一点也没觉得你的想法很不切实际，我觉得这才是你内心真正的想法。"

被她这么一说，我才猛然意识到，之前的我，一直在否定自己的梦想，甚至嘲笑自己的梦想。我声称自己有梦想，其实心里坚信的是，它一定不可能被实现的。

有句话说，这是一个什么都缺、唯独不缺梦想的年代。"梦想"一词，似乎已经很廉价了。你跟别人说梦想，别人只觉得你幼稚、天真，只有你摆出一副端正麻木的大人面孔，不再做不切实际的梦，别人才觉得你成熟、靠谱。

在这样的大环境下，我一边偷偷怀揣梦想，一边又自嘲它是痴人说梦，好像这就能显得自己很成熟似的。

可是，连我自己都看不起自己的梦想，又谈何实现呢？

为了让我相信，我的想法并不是不切实际的。咨询师跟我讲了两件真人真事。

一个是她大学里的舍友S。当年，她们从经济专业毕业，S在某个乡镇做干部，就这么工作到了30岁，S却一直觉得，她喜欢文学，她还想读书。于是在30岁的那一年，S居然辞掉了稳定的工作，去了Z大读中文系的研究生。

另一个是她的朋友L。L在高校当老师，她是个发烧级"驴友"，以往每个寒暑假，她都把所有时间拿来全国各地跑，她甚至徒步去过墨脱。2009年的时候，她30多岁，辞职，去了很多地方，成为专栏作家，写了好几本游记。

真好啊。

我听了后，一方面觉得很羡慕、很鼓舞——既然他们能认真地去实现自己的梦想，我为什么不能呢？另一方面，我又觉得担忧："她们这样做，家里人会同意吗？"

咨询师说："做出一个选择，就意味着要承担相应的后果。这也包括外界的压力。"

这一小时的谈话，我收获了不少。

正是因为开玩笑式地把理想说了出来，我才猛然意识到：原来我内心真实的想法是这样！

我审慎地想了很久，觉得我承担得起外界的压力。那么，接下来该做的，就是为它而努力吧。

要不要把这些心路历程发出来，我也斟酌了很久。

有人说，梦想总是不能说出来的，因为有一种说法是，梦想一旦被说出来后，就很可能成为"嘴上说说"而已，很难成真了。

那些缄口沉默的人，有一部分，确实是在默默努力着实现梦想；可是，还有一部分呢，是害怕说出来后没能实现，太丢人，因此不敢公开做出承诺。

后者把梦想埋在心里，渐渐地开始偷懒，自我放弃，还侥幸地想：哎，反正也没人知道，我默默把它忘了好啦。

所以，我还是公开地写下了这篇文章。我想成为一个靠写字谋生的人，我会为之努力，我愿意承担一切可能的后果。我可能会失败，但我一定会做出最大努力。

——你呢？你的梦想是什么？

是成为一名优秀的同声传译，是成为匡扶正义的律师，是去苏黎世大学读研究生，还是成为尝遍天下美味的美食家？……

我真诚地希望，你也能看一看自己的内心：你真正喜欢的，真正想做的，究竟是什么？

这世上大多数人，都在盲目地走大多数人在走、或者大多数人想走的路。到头来，却发现，他们得到的，其实不是自己想要的。

前几天，一位我很欣赏的朋友转发了我的文章，写下了这样一段话评价我：对梦想的追求，什么时候都不算早、不算迟，不必非等到一个确定的时间，确定的地点。

能给她带来一点感触，我也真的很荣幸。

其实，梦想本身并不遥远，梦想本身，并不可笑。真正可笑的是我们——很多时候，是我们自己摇着头说着不可能，在萌芽时期就扼杀了自己的梦想；是我们自己嘲笑着、否定着、践踏着自己的梦想，却以为这是"长大了""成熟了"的表现。

我想，这个时代不缺梦想，真正缺的是，被严肃对待的梦想。

每一个梦想都值得被认真对待——起码你自己要认真对待。

亲爱的，我们一起加油。

{ 你对待生活是什么态度，
生活就会对你是什么样子 }

[1]

前同事辞职了，理由是考入了某一所国外高校研究生。

我们谁也不知道，这么忙碌的工作里，他是如何能一边兢兢业业地完成工作，一边通宵达旦苦读、申请学校，考入一所行业内知名的高校。

我们祝福着别人的飞黄腾达，也一边反省着自己。

有时候我会遇见一些人，他暂时看上去无论境遇还是能力，都和周围的人一模一样。但细看他们的所作所为，我心里都清楚，我们之间的"相似"不会持续太久。

就算生活对每个人都是同一个样子，每个人对待生活的样子却截然不同。

有人在生活夹缝里，依然在探索着更好的出口。有人早已习以为常，丧失了突破环境的决心。

[2]

身边有个姑娘，中考之前因为家庭出现了一些状况无心向学，毫无悬念地进了一所三类学校。

在这个名不见经传的，被人公认为"垃圾饲养场"的学校里，各色人群都有。有等着父母将其送出国门的富二代小姐，有稍不顺意就离家出走的叛逆少女，有总在和老师对着干的破坏分子，也有打架斗殴的小混混。

第一天去上课，她就被教室里的情景惊呆了：一个老师进来，没说几句话，大家嘘声一片。有人在教室大喊了一声，全体四肆无忌惮地哄笑起来，对课堂纪律视而不见。

她原来也不是一个有心做学问的姑娘，却也被这里的环境惊呆了。身边的人看上去，是如此心安理得地准备接受一个平庸的未来，就像被温水煮过的青蛙，丧失了跳出来的能力。她暗下决心要抓住这个机会，成为和周围的人完全不一样的人。

于是，在乱糟糟的课堂上多一份聚精会神的眼睛。老师也很快地注意到了这双眼睛。在这样的学校里，很少见到愿意潜心学习的学生，老师惜才，惊喜之余更是暗中栽培她。

[3]

在这样的环境里，姑娘也受到了许多的非议。她咬牙安慰自己，这是因为自己太晚才开始努力的缘故。如果早一点专心学习，现在的自己就应该坐在窗明几净的教室了，身边书声琅琅，同学们携手奋进。现在的自己，正在为过去那个不努力的自己"埋单"，要是自己现在还是浑浑噩噩，未来的自己就要为现在的不努力埋单。

姑娘在三年之后，终于不负努力，考上了一所心仪的大学。

她回想那时候的生活，忍不住感慨，自己就是靠着一句话活下来的：我只是暂时看上去和你们一样，但我会抓住任何机会，和你们不一样。我不喜欢他们的样子，我想证明我跟他们不一样。

人到底能不能摆脱周围的环境成长起来？俗话总是告诫你，"近朱者赤，近墨者黑"。好像你掉入了染缸里，就得被染成一只见不得光的乌贼，无法全身而退。可是你别忘了，"俗话"也说过，"出淤泥而不染，濯清涟而不妖"。

环境对你的影响应该是这样的。倘若你长在森林中，落在一片苍天树中，哪怕是条小小的蔓藤，也要覆于木上，努力生长，到达树的高度；但若是你不幸降生在灌木丛，你要相信自己是森林的一颗种子。绝不能被一路的灌木同化，要尽可能地生长。

一个人能不能跟周围的环境融入，主要取决于自己的内心。环境会潜移默化地影响你，但永远不能决定你。你必须要在一片荆棘里，长成自己喜欢的样子。

[4]

我高中时在舞蹈队，队里一共二十多个姑娘。

练基本功的时候经常要用到弹力带，大家的舞鞋也都寄存在舞蹈室。

下课铃声一响，我们脱了舞鞋、扔了道具就往教室外跑。只有一个小姑娘每次都帮老师把舞鞋摆好、道具收好，再协助老师把充满汗渍的地面小心翼翼地擦洗一遍。

当然她也格外受到老师的青睐，那时候不懂事的我们私下议论"马屁精""有心机""假模假式"，甚至当面质问她："你那么能干，为什么不把全校的卫生也做了？"

想一想，那时候的我们大概是有些嫉妒吧。毕竟在二十多个姑娘，她是唯一一个能受到老师课外点拨的。同属一个教室，她已经显得与我们有一些不同：她的舞步永远是最快学会的，每次都被挑选出来给我们做镜面示范；她的舞步很到位，每一个节奏点都踩得准，相比之下，我们的舞步显得粗糙不堪。

后来这个姑娘理所应当地成为了领舞。这当然不是因为潜规则，她花了更多时间和心思跟老师相处，凡是有疑惑都能当场解决，才有了考核时的出色发挥，让我们心悦诚服。

虽然同样是学舞蹈，但是她尽心地完成每一次善后，将45分钟的课延展开。

[5]

环境不会为捆束你的手脚，困兽之斗，犹能突围。但环境最可怕的一点，在于它能同化你的精神，给予你精神麻痹"在这个环境里已经很好了""身边的人都这样，我也这样吧"。

我们每个人都只有24小时，但是有心人却可以将24小时无限地扩展，这些时间足够让你去脱离任何一个你想脱离的环境。

[6]

生活是看人脸色的，你若将它24小时好生伺候着，生活一定也会赐你同等的回报。

人和人的区别不在于工作的八小时之内，而在八个小时之外。不用恐惧恶言相向。待你真正出类拔萃之时，那些在背后制造风言风语的人自然会消失，他们会看着渐行渐远的你，骄傲地向别人解释你们之间的联系：她曾经是我的同学/同事呢！

[7]

　　人生难免有低谷。虎落平阳，仍会用利爪探索着出去的可能。过度强调环境的作用，就弱化了主观能动性。真正能杀出重围的勇士，并不因为兵器胜人一筹，他只会抓住每个机会，和别人不一样。

{ 高配人生
其实并不遥远 }

有位朋友，业余喜欢写写文字，断断续续在报刊上发表了一些。用她自己的话说，是十八线小写手，大名就像阳光下的冰激凌，转瞬就没影儿。

可就是这位十八线小写手，听说某位名作家到了她所在的城市，立即邀朋唤友要去跟名作家见面。朋友们皆是大吃一惊，天哪，人家多出名啊，只能在报刊电视上见的人物，会理咱这种小人物吗？要去你去，反正我不去高攀。

没人愿意一起去，她就一个人去了。

朋友们对她高攀名人这件事儿，挺不屑的，顺带着有些幸灾乐祸，呵呵，你就热脸贴人家冷屁股吧，看你到时有多难堪！

结果，出乎所有人意料，她不但见到了名作家，还一起喝了下午茶，名作家不但埋了单，还送给她一本签名书，顺带解答了她很多写作方面的疑惑。这次高攀之行，可谓收获满满。

尝到甜头后，她就经常干这些高攀的事儿。听说哪个作家来搞签售，她一定请假去捧个场，到哪个城市出差，也一定去拜访当地的名作家。虽然也遭遇过难堪，也被拒绝过，但几年下来，她还是比一般人见识了更多的名人。

见那么多名人有什么用呢？除了炫耀，她当然收获了很多，比如在这些人身上学到了很多优秀的品质，学到了很多写作的技巧，开阔了视野，整个人的眼界和格局发生了改变。

现在，她的文章越写越多，也越写越好，不但在报刊上发表得越来越多，也得到了一些出书的机会，从十八线一跃到了八线。虽然离名家还很远，但她相信，只要自己多从名家身上汲取营养，早晚有一天，自己也会成为名家。

有位亲戚，高中毕业后南下打工，在酒店里刷盘子，每个月工资不到2000，这钱即使拿到老家，也依然低得可怜。

某一天，亲戚忽然说要买车，把周围人吓了一跳，大家都不明白，一个刷盘子的，买辆车是用来看的吗？于是，大家善心爆发，纷纷劝阻。年轻人，别太爱慕虚荣了，别以为满大街跑的都是车，你就可以买车，你买不起，也养不起的。

但亲戚就是不听劝，车是买不起，但可以分期付款啊，很快他就拿了驾照，开上车喜滋滋上路了。当然，做这一切的代价是，他不但花光了所有的积蓄，还借了父母亲戚不少钱。

对于他这种不理智的烧钱派，大家除了摇头，就是叹息。看着吧，早晚有一天他得卖掉车，老老实实刷盘子。

让人没想到的是，亲戚买了车，就不再刷盘子了，天天开着车到处晃悠。本来一个刷盘子的穷小子，非得学富二代游手好闲，真恨不得一巴掌把他扇醒。

晃悠了一段时间，亲戚找到了一份销售的工作，这时候，他的车就发挥了作用，省去了等车转车的时间，他随时都能见客户，而且因为开着车，给客户一种他是金牌销售员的感觉，生意总是很容易谈成。

虽然刚开始工资不够油钱，但很快，他就在公司站住了脚跟，成了真正的金牌销售员。现在，他不但买了房，还换了更好的车，从一无所有的穷小子逆袭成了职场精英。

亲戚说，当初的那辆车，是他高攀了，以他当时的收入，根本开不起，但他就是想要一辆车，就是想过上有车人的生活。如果这只是一个梦想，可能永远也无法实现，还不如干脆把它变成现实，然后再努力维持这种生活。

有时候，梦想和现实是不一样的，现实会逼着你勇往直前，奋力突围，逼出你前所未有的潜能。

我刚到浙江打工时，和当时大多数外来务工人员一样，住在城中村简陋的民房里。没有卫生间，没有厨房，没有网线，而且离公司很远，每天骑车都要半个小时。

我对这种居住条件当然很不满，每次经过公司附近的一个小区，我都会仰望很久，然后轻轻地对身边的人说，我能不能搬到这样的地方住？

听到这话的人都会拼命摇头，告诉我，这里的房租有多么高。是的，确实很高，是我工资的三分之一了，而那个城中村的房子，只有两三百元钱，确实更适合我们这种低收入打工者。

我在那里住半年，知道了有些人在城中村一住就是七八年，知道了新来的打工者都会住这样的房子，知道了搬到小区的人，都是涨了工资发达了的。像我这种刚来不久又没涨工资的人，唯一的出路就是住在城中村里。

刚开始我也安慰自己，别人都是这样过来的，凭什么我不能？但是随着时间的推移，那些自我安慰变得像泡沫一样易碎。没有卫生间，我每天晚上都睡不踏实，没有网线，我写好的文章就没有办法发出去。

半年以后，手里稍稍有了一点余钱，我便一咬钱，搬到了让我仰望了无数次的小区里去。

对于我的这次高攀，其他人都很不理解，也觉得我是个贪图享受的人，在公司里碰到，大家都会表情怪怪地问，还住得惯不？

其实他们的潜台词很明显：周围都是有钱人，你自卑不？

我总是笑着答，住得惯。不是客套，是真的住得惯，住得非常好。

新房子有厨房，有卫生间，有网线，还有大窗子，上下班也特别方便，走路十几分钟就到了。我不再晚上失眠，我可以为自己做顿美食，我可以安心坐在电脑前把写好的文章发出去。

心情一下子变得好起来，文章也陆陆续续地发了一些，偶尔有稿费单寄到公司，那些零零碎碎的钱，差不多也快够交房租了。

虽然住高档小区对于低收入的打工者来说，是一种高攀，但是我得到的，绝对比多付的那些房租更值钱。

在我们一惯的认知里，就是做人要脚踏实地，不要好高骛远，不要去高攀。事实是，有时候我们就是要抛下羞耻心，适当地去高攀一下。这样，我们能看到更多不同的风景，能给自己一种激励，能给生活带来更大的方便，能让梦想更早一点实现。

总是站在低处，视线会受阻，斗志会丧失，梦想会磨灭，不如放下那些包袱，大胆去高攀。让风从耳边过，把心涨成饱满的帆。

{ 你敢为梦想付出多少，
梦想就敢回报你多少 }

[1]

我家附近新开了一个广场，一楼入口处有一个豪车的展厅，里面展示了一辆蓝色法拉利，极佳流线车身，蓝得耀眼，打开的车门就像一双翅膀。每个路人看到灯光下的那辆法拉利，都会忍不住稍作停留。

有些小孩儿在看到它的时候，会像看到一个大型的汽车玩具那样兴奋，毫无顾忌地冲自己的妈妈喊："妈妈，我要这一辆，买买。"身边的大人看着孩子无忧无虑的脸和单纯的眼神，会微笑着敷衍："好好好，等你长大了就给你买。"

没过几天，我在朋友圈又看到了这辆法拉利，在一个熟人的最新动态里。那辆蓝色法拉利图片上，被他配了一行字："总有一天，我要把你收入囊中！"这行字使我觉得那耀眼的蓝色瞬间黯淡了好多。我又想到了在入口处那些跟父母叫喊着要车的小孩儿。

我看到，他的这条动态下面有个刚认识的人给他点了赞。我想，应该还有很多他刚认识，而我不认识的朋友给他点赞或留言，只不过我看不到而已。因为，我能看到他激情满满的信息回复。

若是在我刚认识他的时候，我肯定也会毫不犹豫地给他点赞。我欣赏每一个有梦想、有目标的人。梦想没有好坏之分，物质或精神，都值得鼓励和称赞。但是，这一次，我没有给他点赞。我不想让他因为又多一个赞，而使得飘飘然的大脑继续找不到东南西北。

其实，我很想给他留言："你是在等上帝掷骰子吗？"我还是忍住了，对于一个被未来的"憧憬"冲昏头脑的年轻人而言，这也许会变成一句鼓励的话，或者另外一个"赞"。

［2］

他是个二十出头的年轻人，家境普通。聊天时，你会觉得他似乎比同龄人更有想法，也更有抱负，不安于现状。最初认识他时，听他侃侃而谈，我这个一向"悲观走在思维前面"的人，会突然有种豁然开朗的感觉，也会感觉未来一片光明。

认识久了，我发现，我和很多人一样开始排斥跟他聊天。他能从一个创意谈到成功上市，世界在他眼里比别人更容易驾驭。但是，他唯独驾驭不了自己的生活。

他家在外地，借居在亲戚家里。他的工作总是换来换去的，但是大部分都是亲戚介绍的。我记得他的第一份工作是在一个比较大的正规公司。当然，这是与他后面的几份工作相比较而言。当时，他辞职的理由是同事无趣，时间安排不自由。公司的领导碍于他亲戚的面子，做了一些象征性的挽留。他还是执意要走，说要去做自己想做的。

第二份工作据说是他自己一直感兴趣的，但是入职之后发现不是自己想象的那么浪漫，太过辛苦了。于是他就迅速撤离了。他最近的一份工作，是在亲戚的一个朋友公司，一家带有个体性质的小公司。据说这个公司融资有点困难，已经好几个月发不下来工资了。可是他还没想好要不要撤退。据他说，工作自由，而且跟老板亲得跟兄弟一样，无话不谈。

不过，他有一件事情倒是坚持了很久，就是买彩票。他经常会研究各式各样的彩票，前两年的世界杯彩票他也颇有研究。前几天，他又晒出朋友圈，说是一张彩票中了几十块钱，离自己的梦想又近了一步。我不知道说的是不是法拉利这个梦想，但是我知道，他不用付房租，却欠了一堆的外债。

[3]

雄心壮志再遥远，也不必鄙弃。脚步丈量再慢，总有一天也会缩小与梦想的距离。所以，再卑微的努力，都配得上被仰视的未来。但是，又有哪一个卑微的梦想不需要用付出去支付？不需要用脚步去丈量？你不能坐在阳光普照的梦想下，等着上帝掷骰子。

有句很经典的话，曾经流传得很广，就是那句"明明可以靠脸吃饭却偏偏要靠才华"。可是，世界那么大，好看的人那么多，不努力又怎么能脱颖而出，站到大家都能看到的地方，闪闪发光？

就像一夜成名的林允，青春美丽，自小就是个美人胚子，被赞是大S、朱茵与舒淇的混合体，她舞蹈功底扎实。她那么美丽，年纪轻轻一夜成名，即使说她是上天的宠儿，也不为过。可是，她偏不那么"虚荣"，只肯承认所得皆源于付出。

确实，任何成功都不是偶然，都是在通往成功的路上埋伏了很久的"蓄意"。

曾经听我一个朋友讲过一个让他有所触动的故事。他们公司的高级培训讲师是一个思维敏捷，表达能力很强的人。他的培训课程都是妙语连珠，金句一个接一个，经常语惊四座。

有一次，我朋友很晚返回公司取一个急用的材料。整个公司空无一人，只有小会议室亮着灯。他误以为是最后走的人忘记关灯了，走到门口才发现是培训讲师在里面。只见，培训讲师面朝空无一人的会议室，声情并茂地演练着培训课程，好似面前都坐满了听众那般投入。

朋友感慨地说，一直以为那个培训讲师只是靠天赋吃饭的人，没想到私底下他是那么不吝付出，那么勤奋。因为那个讲师日常聊天也是妙语连篇，旁征博引的。有一次，那个培训讲师还跟别人开玩笑说自己从小就很能说，他妈妈曾不胜其烦，无奈地调侃，他长大了肯定是靠这张嘴吃饭。

［4］

可见，越成功的人是越不会冒险把梦想交付给空想的，因为他们深知靠自己的付出，才会毫无悬念地拥抱自己想要的。

只有这样，他们的笑容才会更加笃定，才不会带有仅靠所谓的幸运收获梦想的惊喜。他们站在"梦想实现"面前，笑得有多灿烂，背后就有多疲惫。他们往往看到了更多的晨光，也更知道深夜里哪盏灯曾亮到最后。

我们都曾有过等着上帝掷骰子的小心思，期盼世界给予我们一些多于别人的恩赐。面对一场未做准备的考试，我们祈祷题目都是刚刚好会做的。潦草上交一份方案，我们指望上司从这份潦草里看出与众不同的创意。在不自信基础上降临的小惊喜，偶尔会给我们的人生增添几分乐趣。然而毫无准备的人生，却好似一场没有赌注的赌博。

因此，仅有一次的人生，我们怎能放心把命运交给随机，把梦想交给空想！

所以，对于躺在梦想上晒太阳的人，我只想微笑着为他祈祷：但愿上帝掷骰子，但愿上帝手里的那个骰子上写的都是你的名字！

{ 我才不要一眼 就能看到头的人生 }

梁文道先生在他的随笔集《我执》里提到过这样一个故事：一个女孩，夜夜在街头徘徊，用一瓶一瓶的酒将自己灌醉。某一天，她又喝了个烂醉，蹲在巷口吐得一地都是。突然间，她听到一阵细密又散落的脚步声，抬头望去，一群人在晨光熹微中跑步。"原来，又是新的一天了!"女孩叹息一声，"而我还停留在昨夜。"

自当初读完这个故事之后，已经过去悠悠数年。我度过了很长一段无所事事的时光，也认识了一些朋友，相约在夜里举杯，杯子碰到一起，说些彷徨又热切的话语。每每那一时刻，我的耳畔总是回想起女孩的话语："而我还停留在昨夜。"

与黑夜相拥几乎成为一种对抗孤独与焦虑的方式，即便这种对抗，看起来是多么微弱。越来越多的年轻人，处在年龄的夹缝层中，将立未立，又不得不尴尬地面对种种社会认同与自我认同的问题——"我是谁？""我能够做些什么？""我的价值来源于何处？""我想寻找怎样的伴侣？""我想度过怎样的一生？"这些问题对个人意志发出了强烈的挑战。沉沉的夜色固然能挡去一部分锋刃，但是，当喧嚣的白日来临，未被回答的问题依然高悬在头顶，如一柄达摩克利斯之剑，拷问着个体存在之意义。

吟游诗人会说，这是最好的时代，也是最坏的时代，动荡与变化丛生，机遇与变革共存。而社会心理学家却另有一套命名的方式，阿奈特将18岁到

20多岁这一特定的年龄阶段称为"成人初显期"，人们处在"成人期的变动时刻表"上，传统意义上的发展任务已经不再适用，完成学业、离开父母、经济独立、步入婚姻、生儿育女等严格按照章程表行事的计划也被一再打乱，甚至无限期地延后。大龄未婚男女已然并不少见，宅文化、创业文化也愈加盛行，越来越多的人站在三十未满、二十以上的门槛前，却发现自己一无所有，他们既未成家，也未立业，仍然处在看似漫长的探索阶段，探索着未曾湮灭的可能性，也探索着自己未来可能会有的生活图景。

"我害怕那种一眼望得到尽头的生活。"年轻的心向世界发出呼唤。然而，一眼望不到尽头的生活，同样令人焦灼。

阿奈特认为，这一时期的探索将远胜于其他的生命阶段，20多岁的年轻人表现出前所未有的紧迫感，他们选择的余地已经不算太多，很难再像赌徒一样孤注一掷，一些终身的承诺也要定下，他们将：

（1）反复确认自我的同一性，想要弄清楚自我存在的意义、处于世间的位置、扮演的角色等。

（2）面临自我的不稳定性，经历情感上的急剧变化，尝试转换专业、职业、恋人等，也不断地调整个人的生活方式。

（3）聚焦在自我的问题上。除了自己之外，没有人能够为他们提供关于生命的正确答案。

（4）处于过渡阶段，就像"三明治人"一样，体验着夹生的感觉。既不处在青春期，也没有正式进入成人初期，一切都将发未发，将立未立。

（5）探索自我的可能性，这一可能性伴随年龄的增长将呈现出日益萎缩的趋势，但总体的选择范围仍远大于其他时期。

对于大多数人来说，这会是一场漫长的马拉松。自我的确立、职业的选择等都需要依靠时间的检验。悲观的朋友们在持久的拉锯战中常会陷入低迷的状态之中，借助熬夜、买醉来缓解自身的焦虑感，又或在林荫道上徘徊，一遍遍吟唱"谁此时没有房屋，就不必建筑；谁此时孤独，就永远孤独"。而那些能够在黑夜之中睁开眼睛的人们，在经历了长久的挣扎与迷茫之后，仍没有放弃行动，在一小步一小步的试错当中，他们或许能够相信，这种拉长的探索期的出现，其实是一种社会优化的趋势。人们将依靠自己的头脑与心灵，做出重要的选择，也将信赖自己的选择，忠诚而坚定地生活下去。

那么，从成人到成熟究竟有多远？人本主义心理学家马斯洛在《人性能达到的境界》一书中，提出了发展成熟自我的8条途径：

（1）充分地、活跃地、忘我地体验生活。

（2）选择hard模式，做出成长性的选择，而不是退缩性的选择。

（3）倾听内心的呼唤，肯定自我、显露自我。

（4）承担责任，每一次承担责任就是一次自我实现。

（5）培养自己的志趣与爱好。

（6）经历勤奋的、付出精力的准备阶段。

（7）创造条件，了解自己的潜能，使高峰体验出现。

（8）识别自己的防御心理，并且有勇气放弃这种防御。

这些专业的术语或许令你感到枯燥。那么，你还记得《渔夫与魔鬼》的故事吗？魔鬼在一只瓶子里住了400年，终有一天，一个渔人打开了它的瓶子，而魔鬼却因为太迟而动怒。渔人悠悠笑道："你是怎么进入这只狭窄的瓶中？"

曾经，我也在确认自我的途中迷失，误以为自己是那只心境恶劣的魔鬼，始终找不到合适的出路。后来，一位朋友告诉我："探索的路上，勇者先行。一次多勇敢一点点，直至能够拥抱新鲜的事物，投入其中，向未知致敬。"这一番话，或许也可作为"成长"乃至"成熟"的要义。而我终于能够想象自己是那位渔人，笑眯眯地指向莽莽天地，"嘿，你是怎么让自己受困在一只小小的瓶中？"

不走出去，
人生该多无趣

有一天在微博上看到这样一个观点，说，那些只觉得妈妈的味道才是最美味的人，味蕾是未曾开化的。这句话也许更多是一种调侃，不过仔细想想也自有道理在其中。许多我们曾经自以为无法超越的家乡美味，等自己长大以后离开家乡接触到外面世界的各种好吃的以后，才发觉自己的孤陋寡闻。

我作为一个山西人，从小主食是面食，经常听着什么"世界面食在中国，中国面食在山西"，什么唐太宗李世民御膳顿顿得有面，什么慈禧太后西行来到太原府对各种面食赞不绝口……这样的一些赞扬和真假难辨的故事，心里便被灌输了这样的理念，觉得面食才是最美味、最地道的饮食。

于是一直到大学毕业，我都是坚定的面食主义者，去食堂吃饭，从来都是一大碗面，即使偶尔吃一次大米，自己下意识里便觉得这玩意儿难吃，往往吃几口便扔在一边。直到参加工作以后，再不能像学校那样有一个固定的食堂可以准时准点地吃我想吃的饭菜，渐渐地也便打破了非面食不可的原则。

再后来离开了山西，更加意识到自己过去饮食观念的狭隘。放眼全国，山西面食那是多么小众的吃法啊。即使同样是面条，我也不觉得山西刀削面要比陕西面食、兰州牛肉面、日本拉面这些要更好吃一些。

回想一下自己过去的人生，我曾经一直是一个非常恋旧和保守的人，经常联系的朋友总是那么几个，手机里翻来覆去总是那几首老歌，去固定的小饭馆吃饭，就连衣服的颜色也很少有改变，也不大喜欢去参加陌生人多的饭局和聚会，周末大部分时间宅在家。一直以来我也就是这么生活的，并不觉得这样有什么不妥。

然后某一天，有一个新认识的朋友对我说，你这样的人生实在是太过无趣了。

我说，大部分人不都这样吗？谁每天没事做瞎折腾啊！

她说，不是啊，像她会在周末的时候练练书法，做一做瑜伽，有时候一个人也会去看一场电影，看一些宗教类的书籍，最近打算学日语，接下来计划出国留学……

我当时就沉默了，开始有些怀疑自己是不是真的过得太无趣了。

过了一段时间以后，我有事回家一趟，跟我姐夫一起开着车走高速。

车上一路放着音乐，我听着旋律觉得好熟悉，就问我姐夫，这谁唱的啊？

我姐夫有些诧异地看了我一眼说，天哪，李荣浩你不知道吗？你这个年龄的人居然不知道李荣浩……

我又沉默了，脑子里回想了一遍，好像我对华语流行音乐的认识还停留在周杰伦是个新人的时代。

虽说对于音乐的喜好实在是一个非常主观的事情，喜欢老歌也没什么错，但是如果从来不去尝试，就轻易武断地觉得那些乐坛新人都是垃圾、只有罗大佑、李宗盛这样的才是恒久远，也未免太过偏颇。

经典的东西固然自有其价值，但当下流行的也并非一文不值。今天的流行，便是明日的经典，死抱着过去抱残守缺没有任何意义。

音乐、文学、电影，莫不如是。

想当初，提起80后，第一反应便是叛逆、张扬这样的标签，而时过境迁，80后现在的标签是压力大、买不起房……

连90后都开始步入晚婚晚育的年龄了，80后走在街上已经完全是一副中年人模样……

如果自己对于这个世界的认知一直停滞不前，就会变得因循守旧，浅薄而又刻薄、偏激，自以为是。

想一下当年，刚有了80后这个概念的时候，那些老头子们是如何的口诛笔伐，恨不能把这代人集体重新回炉重造成他们心目中觉得正确的样子。

而现在这代人已经成为社会中坚力量，也没有把这个社会折腾得垮掉，倒是比那些老头子们的时代明显进步了许多。

那么，我们又是用一种什么样的眼光去看待那些更年轻的90后、00后呢？

是不是也想当年的那些老头子一样，提到90后就觉得是非主流，提到00后就觉得是脑残？

一切的偏见都源于无知，不知不觉中，我们也可能成为自己曾经最厌恶的人。

那次从老家回来以后，我经常反思和审视自己，然后便愈加觉得自己这些年太过故步自封，在某些领域已经有些跟不上时代的步伐了。

而越是无知的人越容易以自己看到的是整个世界。经常在网上看到人们为了一些观点进行骂战，往往那一批最无知的人是最敢信誓旦旦赌咒发誓，叫嚷的最大声的，而那些真正看透这件事的人，则会慢条斯理地提出自己的观点和看法，提供大量的数据进行佐证。正因为他们什么都不知道，才会更加对自己看到的片面之词坚信不疑。

人们往往会有这样的体验，随着年龄的增长会为自己过去的无知感到羞愧。如果你有这种感觉，那就对了，说明你一直在成长。如果你一直觉得自己牛×的不像样，回首过去一片辉煌灿烂，大概也开始走下坡路了。

知道得越多，便越不敢轻下论断，因为能意识到自己的狭隘和这个世界的可能性。

过去我也曾经跟人在网上论战，声嘶力竭，争得面红耳赤。而现在则更多抱着去接受和学习的心态。

能够接纳与自己不同的观点，与异见者同处，是一个人开始成熟的一部分表现。

所以我现在非常羡慕那些对生活抱有热情、愿意去体验和尝试各种新事物的人群，希望自己也能够变成那样的人。

我希望自己愿意去尝试更多新奇的美味，看更多的书和电影，去陌生的地方旅行，认识新的朋友，学一两种新技能。

我希望不断地更新自己，时刻让自己保持着对这个世界探索的兴趣，拥有更多创新的能力。

相对于这个世界来说，我们都像是一个对着高山痴痴幻想的稚童，想着山的那边是不是住着神仙，只是我们永远也无法站在世界这座高山的最顶端，洞悉这个世界的所有秘密。然而我们总能爬得更高一些，领略更多的风景。

世界是如此之大，生命有如此多的可能，即使穷尽一生去探索，也无法彻底认识这个世界。而我们才走过多少地方，看过多少风景、经历过多少的人情悲欢？就敢将自己的世界封闭起来，因循守旧，不去接纳新的事物、尝试新的可能？

不要闭上眼睛告诉自己这个世界是黑的。

第四章

你不学习，
就会被淘汰

{ 你不努力，
却还在怨气冲天 }

　　22岁的S姑娘，在小城市有着一份不错的工作，她却为婚嫁的事情所烦恼，不出众的外貌和略有些汉子的性格让她的桃花迟迟不开。她打算出国或者换工作到大城市，但迟迟无法下定决心，一方面现在的工作是高薪和国企，另一方面惧怕出国的复杂流程和大城市的激烈竞争，就这么纠纠结结了六年，到了28岁，由于社交圈子的狭隘，她还是那个长相平凡心思粗放的她，只是成了剩女。

　　工作上由于性别和单位性质的限制，虽然十分刻苦，但只是普通职员。她的高学历和单身身份让她在小城市备受侧目，于是狠下心来，跳槽到了上海。新公司给了一个职位，还提供了一个有院子的宿舍，工资也比以前高好几千，再攒攒加上以前的投资就可以付个首付。工作对于出色的她并不算有难度，多年积攒的经验让她如鱼得水，开始收获以前很少听闻的肯定。刚换工作再加上加班比较多，她并没有很多时间去认识新的人，但是随处可见的书店，公司边上的健身房和类型多样的活动已经让她开始关注时尚、新事物和自己，公司的大龄姑娘有好几个，她也不觉得孤单和异类。

　　有一次代表公司去交涉业务，对方的小伙子见她做事认真、待人诚恳，要了她的电话，后来开始约她吃饭。她压抑了许久的心情慢慢变好起来，开始想如果六年前过来就好了，其实仔细想一下就知道她的条件更适合看重能力的地方，而且她也很喜欢丰富的精神生活，这里还有很多比她优秀很多的单身男士。她甚至开始决定准备出国。只是那虚掷的六年的时光再也回不来了，她也许依然不可以组建一个家庭，但绝对谋得一份好职位或者快速地成长，但她却在痛苦和自我怀疑中度过。有些事情你不做，你想要的生活就是得不到。

25岁的K姑娘，奔波在相亲当中，她最近的一个相亲对象觉得她别的都很好，就是有点胖，其实不算胖，125斤，只是略微丰满，但在这以瘦为美的年代成了各种靶子，即使她面若桃花，也不能抵消掉这多余的25斤。K从来没瘦过，所以她从不认为是体重的问题，她责怪这个世界太过看重外貌，责怪男生们太过势力相亲时去那么差的餐厅，责怪自己的命运不好，但是依然难逃相亲后对方的销声匿迹和相亲时的冰冰冷冷，世界没有为她改变，她却在一次次失望中开始丧失自信。

她变得更胖了，也不如以前那么活泼开朗，甚至有些自闭。她不明白为什么到了25岁，自己没经历过一次像模像样的爱情，都是隐形女友，异地恋，甚至有一次差点成了小三。直到这一次相亲对象直言你有点胖哦，她看着对面长得歪歪扭扭，说起话来口无遮拦，付钱时磨磨蹭蹭的陌生男子，突然流下眼泪。然后她开始减肥，手法很激烈但也很有效果，就是纯饿，三个月后她已经是95斤的长腿美少女。165cm的她穿上高跟鞋和短裤走在街上，再加上本来就很好看的五官，大部分男生都是要多看两眼的。各式各样的朋友开始主动找她吃饭和聊天，大家发现她原来是这么美好的女孩子。

她的乐观开朗，她满院子的花花草草和一手好厨艺，她的善良温柔和优美的文笔，都在她的瘦削和凹凸有致下熠熠生辉起来。她看着办公桌上一大束昂贵的玫瑰时她觉得以前恍若隔世，她不知道为什么她要花那么久的时间去过一份以前那么可怕的生活。17岁时候不减肥让你没有初恋，25岁不减肥你依然没有初恋。爱情和工作一样都是谈条件的，只是条件不一样，有些事情你不做，你想要的生活就是得不到。

30岁的Q姑娘，奔波在尘土飞扬的生活和父母弟弟严重的情感勒索中，她自己住在地下室的角落中，穿着五年前的衣服，头发干燥枯黄，一脸的沉重和苦涩，时常半夜会哭，不知道未来在哪里。如果有电话响，肯定是母亲打过来诉苦和向她要钱，她所有的积蓄都拿给弟弟买房子了，现在小侄子出世了，各种费用依然是她负责。偶尔不答应，想起母亲苍老的模样和多病的身体，又心生难过。

她是不聪明但用功的女生，所以在工作上常常遇到不如意的事情，也没有时间谈恋爱，对于示好的男生又不懂回应，这些生活和情感的压力常常让她喘不过气，还负担着一家人的期待，她有种生不如死的感觉，但还在努力地撑着。直到有一天，弟弟又打电话过来要钱，而她刚刚为了省卧铺钱坐了两天一夜的硬座，她突然觉得悲哀又愤怒，因为弟弟要钱不过是不肯安装2M的宽带，而一定要装4M的宽带。她决定应该结束这一切了，她打电话给母亲，说出这么多年的辛苦和以后可能要为自己考虑了，母亲惊讶且愤怒，指责她是白眼狼，并把电话挂了。弟弟又打过电话过来，质问她为什么这么做，把母亲都气病了，并对她进行了批评。

她想了想，飞回去看了家人，悉心照顾，但是还是坚定且温和地坚持着自己的主意，就这么几天，母亲突然哭出来，说：这些年也多亏了她，现在是该考虑她自己了。她温柔地抱着母亲，说并不是责备他们。回来之后，她就轻松淡定了许多，拿出攒了许多年的公积金付了首付，商贷买了房，甚至任性地透支了点信用卡，为自己买了个高端手机，几件漂亮的大衣，和做了一个新发型。她还为母亲买了一件羊毛的大衣，告诉她弟弟长大了，要相信他自己生活的能力。

出乎意料的是弟弟竟然是支持她的，说他会好好照顾母亲的。她和母亲弟弟的关系甚至比以前好起来，因为学会了沟通，而且她发现母亲和弟弟也是十分希望自己幸福的，只是观念和表达方式的问题。就这样，她开始一点点缓过来，由于关照自己的身体，每天开始好好吃饭和补品，她的脸色甚至有了白里透红的感觉。第一次，她觉得活着这么美好，而不是仅仅只有面对考试的恐惧和面对期望的责任。有些事情你不做，即使是30岁，你想要的生活也依然得不到。

以上这些姑娘有些庆幸，他们终于发现自己真正想要什么，而且得到了自己想要的生活。生活于她们刚刚开始，虽然走了很长一段时间弯路，却像在夜路中行走，收获了满天闪亮的星星，磨炼了心性。她们还是有些遗憾，这么简单的道理以前为什么不知道，非要用时间和教训才能换取，在踌躇和懵懂中，许多美好与她们擦肩而过，如果以后有女儿，一定早早告知。有些事情你不做，你想要的生活就永远得不到。

还在想要那份看起来很不错的工作，既可以周游列国，又可以轻松高薪，可是你的学历好像不够耶，为什么不去把学历变得更好？不过是三四年的时间。否则你十年之后依然守着这份侵占你所有时间却给你只够生活的薪水的工作。

还在暗恋着那个看起来帅帅的，做事得体的男孩子，你看看自己，灰头土脸，笨拙粗鲁，但是对那些同样不修边幅的和你差不多的男孩子又爱不起来。为什么不去过精致的生活，美好的身材可以靠饮食节制和勤于锻炼获得，气质可以靠智慧慈悲的内心和优雅的举止获得，面容可以靠合适的发型和光洁的发肤进行修饰，即使你仍然得不到那个男孩子的青睐，但是为什么不试一试？否则吃着零食看韩剧的你十年之后依然如此，生活在幻想和惨淡的现实中。或者嫁给一个自己看不上的男孩子，过着怨气冲天的生活。

还在羡慕那个会四国语言总是可以轻松交到朋友的姑娘？还在看着自己

那些深深埋没的小天赋十分不甘心？生活不仅仅有静止和重复，我们已经来到一个时代，只要你的渴望合理，你付出努力，世界会找到方法帮你实现。我们已经来到一个时代，都在追求生活的品质。我们期盼和所有自己喜欢的东西在一起，而不是仅仅活着。嫁给自己喜欢的人，做着自己喜欢的事情，有着自己想要的亲密关系，向自己喜欢的方向前进着对于我们，都是像呼吸一样重要的事情。只是有些事情你一天不做，你就多一天生活在自己不想要的环境中。而且不想要的今天会导致更不想要的明天，更不想要的明天会导致十分不想要的后天。既然时代给了我们选择的权利，告诉了我们得到想要的人生的知识和道路，那么为什么不及早踏入追求的路途中。

生命很长，何时上路都来得及，重要的是，为渴望奔跑，无比轻盈。你看，一天比一天更光彩照人的高圆圆、周迅、刘若英、大S都穿上了洁白的婚纱，嫁给了自己十分想嫁的人。你看，奥普拉有了自己的电视节目，蒋方舟、安意如、安妮宝贝靠不停地写作得到了很多的关注和金钱。你如果去关注她们的传记，就知道坚持也是需要勇气的。

你看破产姐妹里的Caroline和Max开了自己五彩缤纷的cupcake店，而且在全世界掀起了蛋糕热。你看维多利亚多年保持0号身材，为英俊的贝克汉姆生了一堆孩子，生活在镁光灯下20年，这好像每个小女孩的梦想，她可曾经也是一个胖姑娘。你看你的妈妈都开始跳起了广场舞，出去旅行，买一双有点贵的鞋子，或者不再逼你嫁人，你是不是更应该勇敢一点？有些事你不做，你想要的生活就永远得不到。

{ 如何让自己 越活越值得 }

前一阵，朋友叶子发了一篇文章的链接给我。

文章的大意，是重庆一家摄影机构，为那些也许一辈子都不会走进摄影棚的女人们拍摄了一组写真。

那几个为了生活负重前行的四五十岁的大姐们，化妆轻饰，锦衣着身，而后面容惊艳，气质出众。

拍出来一张张让人们看过对比之后，无限感慨的照片。

叶子问我看过之后有什么感受。

我幽幽说到，生活残酷，女人不易。尤其，没条件打扮的女人更会让人感伤。

叶子说，难道这不是说明了一个尖锐深刻的问题吗？

我说什么问题？

叶子重重的说道，这说明，没有钱，就没有美貌。

[1]

是的，没有比现在这个时代，人们更坦诚对美的认同和渴望。

不管你是画出来的、微整出来的，只要你在迎着微光走出去的那一刻，你都是耀眼的。

这些年的自己，总是一边鄙视那些为了自己的容颜用尽心机的女人，一边又在心里偷偷对自己的素面朝天疑惑不安，举棋不定。

以前都讲究的浑然天成，依然让人心生赞赏，但那些把自己包装成发光体的精致担当，好像更让人觉得生活美好无限。

越来越多的人们开始认同这样一个真理：

贵的东西，好像只有贵这样一个缺点，

然而，便宜的东西却好像只有便宜这一个优点。

而我经过几十上百个瓶瓶罐罐的切身体会，终于不得不世俗地承认：

想要变得更好，真的要多花点银子。

好的面霜、眼霜、面膜，哪一样，都需要一颗舍得花钱的心，和一张可以任性刷刷刷的卡来支撑。

这世间所有的美貌，闻起来都是金钱的味道。

[2]

一个影视演员，曾在出道时演出了很多比较雷人和奇葩的电视剧。

后面在她渐有名气之后，一次做客访谈节目，主持人提起她之前的那段演艺生涯，问她，为何当初会如此不挑戏？

她并没有尴尬和回避。只是说，不是不挑，是没有资格挑。

如果没有挨过那段努力赚钱求生存的日子，如果那时候就挑，那么可能永远都不会有现在的自己，因为我可能都没有机会挨到现在。

一个女性朋友A最近找了份销售的工作。

每天打电话、跑市场、拉单子，每天从早到晚特别拼命。

就连周末、假期，我们开始给自己特赦的时候，她也是风雨无阻，从不间断。

群里，另一个女性友人C说，都什么趋势了，女生还做销售，丢不丢人啊？

别人不吭声，问C，你做什么工作呢？

C说，哎呀，我正在考察呢，我要找一份轻松、智慧、有前途的工作，要赚钱就赚大的。

别人又问道，那你什么时候能找到呢？找到的话麻烦把去年借我的钱先还我。

这个世界就是这么惨烈却真实，就是这么复杂却简单。

没有钱，很多时候，我们并无半点颜面可言。因为，没有人有时间和你谈人生、谈理想。

我对任何工作都中立，但我对每一个自己努力赚钱的人，心生佩服。

别管别人做什么工作，只要她热爱、敢想敢做、能付出、懂坚持，那么就比那些眼高手低、夸夸其谈的人们强一百倍。

而当你放下面子去赚钱的时候，说明你才是真的开始看重自己的面子了。

要知道，其实现在已经真的没有什么事情是比"没有钱"更丢人的了。

[3]

我一个高中同学橘子在一个商场做导购，我一直对那些商场的导购员"以貌取人"特别特别的厌恶和反感。

因为关系不错，一次交流中，我和她说起了自己的这个看法。

我说，难道没有钱的人，就没有权利得到你们一视同仁的的尊重了吗？

她说，其实现在，导购人员对于所有人在表面接待中，都是差不多的热情和客套的，因为这是商业和品牌礼仪的要求。

但是在心底和背后，真的是有天壤之别的。

她又说道，其实人人都对美好有一颗更敬畏和尊重的心。

你自己灰头土脸、衣衫不整、面容疲惫，显然就是自己对自己的放弃和不注重，别人又为什么要对这样的你点头哈腰、笑脸如蜜呢?

而那些精致、得体、优雅的人们，当然更有权享受到相同level的服务和重视。

毕竟，一直面带微笑太累了，只能把更有限的真心，用在更养眼的人和物上。

何止导购员，那些男人，那些客户，甚至幼儿园的老师都说，面对着可爱又帅气的小朋友，自己的耐心和爱心都会更多一些呢!

所以从那以后，每当我要去商场的时候，都会比较认真的稍微收拾一下，我不想带着休闲游乐的好心情出门，却成为那个在店里遭人背后嘲笑和冷眼的人。

你应该知道一个真相：你觉得很多人素质不高，很可能，人家只是不想在你面前修养良好。

[4]

生活哪来那么多的岁月静好，更多的是不辞辛劳。

深夜路口的麻辣烫摊前，中年阿姨戴着套袖在油烟里忙活;午夜加油站，年轻的女加油员困得两眼干涩;瑟瑟寒风里，菜市场里总有几位大妈，守着一小摊蔬菜……

没有一个人是容易的，无非都是想多赚一点钱。

我们为什么要努力工作赚钱?

因为穷，对于爱美虚荣的女人来说，真的是太残忍了。

金钱虽然不是我们人生追求的意义，但是我们的很多追求，却必须依靠金钱去实现。

甚至可以不夸张地说，我们现在所面临的90%的问题，都可以用money来解决。

所以，适度的拜金主义其实是睿智思想的体现。

它让你明白，如果全社会的价值取向都是如此，而你却做不到，那很有可能是自己能力的问题，而不是这个世界的错误。

而这更多的银子从何而来？

问男人要吗？

当然也可以，爱的最高境界，就是可以坦然地向你的另一半要零花钱。

可是更多时候，我们可能并非一直有人可依，甚至自己才是别人的依靠。

[5]

如果说，30岁以前的容貌，靠着天生，靠着自然，我还相信那是真的。

如果30岁以后还会如此，只能是，你只是还没有亲自到过30岁。

朋友说，我真的不想在十年之后的同学会上，自己不敢坦然镇静地看当初那个曾经暗恋过的男孩；不想被曾经暗恋自己的男孩一见惊悚，半生失望；不想被其他女生"关切"地问一句：这些年过得很辛苦吗？

我说，我更怕自己连去参加同学聚会的勇气和底气都没有。

30岁后，相由薪生。

这个相，不仅是指你的容貌，还是你整个人的精神面貌和生活态度。

这个薪，不仅是指你的银子，还是指你对金钱的考衡和对赚钱的把握。

你有娇俏的容颜，你有不怯场的外壳，你有一颗没有被委屈和蜷缩侵染的心，才更有柔情和力量去面对生活的鸡飞狗跳，才不会被功利又赤裸裸的现实打败。

不要安于现状，不要总是让自己的生活活在舒适区，不要总是给自己划定安全线。

因为，你能不能越活越值得，就在于你能不能让自己的今天比昨天更漂亮。

{ 改变自己很痛苦，但绝对值得 }

首先，少年，答应别人的承诺，就一定要兑现。

我以前啊，和你一样，很想成为一个很厉害、很厉害、很厉害的人。

喜欢看热血的东西，幻想自己是屠龙的勇士，登塔的先锋。我左手有剑，右手有光，没头没脑地燃烧自己。敌人的骑军来了，我说你们何人堪与之战，我的女人在等我。

后来我现实了一点，我觉得我要成为那种说走就走、说上就上的男人。我梳大背头，流浪在欧洲或者新几内亚的。我拍孩子，拍野兽，拍流浪的雏妓，与罗伯特·德尼罗握手，说，嘿，我给你写了《愤怒的公牛2》。

再后来，我觉得我人生的梦想，是在城市中心买上一间顶层公寓，把一整面墙都改造成钢化玻璃。在灯火通明的夜晚，我就端着酒站在巨大的窗前，看整个城市在呼吸，然后我的朋友叩门，他带来了一打嫩模，我们就玩一些成年人的游戏。

现在，我发现龙并不存在，我不会骑马，不会用单反，家住2楼。我能做的，就是把眼前的事儿做好，赚到足够的钱。这样我可以给我的姑娘一个地球仪，然后用飞镖扎它，扎到哪儿，就去哪儿玩。

这样看来，虽然我的想法随着生殖器的发育，始终在变，但那个很厉害、很厉害的人，一直离我很远，甚至越来越远。

我心中曾经执剑的少年，此刻也混迹在市井之间。

血似乎都凉了。

我也不是没有惶恐过，是不是我这一生，都不能左手持剑，右手握着罗伯特·德尼罗，说这里的嫩模随便你玩但是你别从窗户上掉下去。

这样一看，我逊得不行。我的朋友都是一些凡人，比我还逊，业余生活就是推塔、中单、跪。

我心想，我是不是这辈子都要做一个很逊的人，直到我的坟墓上写好墓志铭，我甚至都想好了：

我来，我见，我挂了。

最后我给了自己一个否定的答复，我不要。

我喜欢我的朋友们，喜欢我现在的生活。首先我希望你明白，没有厉害与逊的区分，只有血的凉与热。有的人觉得生活就这样吧，我算了，现在没什么不好。有的人觉得生活这样挺好，但是我还要更好。

这种只要剧情稍微热血一点就会热泪盈眶的傻冒，已经不多了，一刻也不要停留。

所以现在，我和你不一样了，我仍然想成为一个很厉害、很厉害、很厉害的人，像我们这种剧情稍微热血一点就会热泪盈眶的傻冒，要好好珍惜自己。

很多人坐下来了，跟你说你不行，说你省点儿心吧，说请你静一静。

汹涌的人群就把你这样的少年淹没了，人群散去的时候，你也不见了。你那些承诺，谁也听不见，这个世界对于你，就再不可能有什么更有趣更漂亮的女朋友。

你就失约了，小兔崽子。

这么跟你说。

虽然随着年龄的增长，我趋于现实，不能像你那样分分钟冲动地燃烧，然而我每时每刻都有想做的事，有想达成的目标。

不排除以后的某一年，我会握着罗伯特·德尼罗的手。他说这是你写的吗，《愤怒的公牛2》，只要他还没死。

故事里拳王拉莫塔忍着伤，他举着铁拳，挥汗如雨，要和命运斗争。他说我怎么能失约呢，我是那个要成为很厉、害很厉害的拳王拉莫塔！

小伙儿，成为很厉害、很厉害的人，最重要的，就是要热血。永远也不要让你的血凉下去，你凉下去了，就再也不能找到一个更有趣更漂亮的女友，你就失约了，于是那天她踏梦而来，就成了一个彻头彻尾的笑话。

当有一天你成为你讨厌的那种人，浑浑噩噩，你走在街上，看见那些更有趣、更漂亮的女孩，你会不会想起多年以前，你说我答应你，在一个承诺就是永远的年纪。

读书、交友、美容，都不如你这一腔狗血，滚烫、灼人，你要燃上大半辈子，才对得起你现在说的这些话。

我听闻最美的故事，是公主死去了，屠龙的少年还在燃烧。

火苗再小，你都要反复地点燃。

所谓热血的少年，青涩的爱恋，死亡与梦之约。

这么好的故事。

你可别演砸了。

最后我给你点个人建议：

（1）读书，读到倦。网上有很多方法，但你从来沉不下心看。

（2）学习，学到疼。网上有很多方法，但你从来沉不下心看。

（3）开口说话，冷场也要说话，脸皮薄也要说话，挨打也要说话。

（4）如果你现在不知道做什么，至少你还可以先从做一个牛的学生开始。

（5）更漂亮更有趣的女孩，五年以后再找。

（6）承诺是鞭子，不是兴奋剂。

（7）年纪大了，也不要说什么心如死灰。

改变自己是非常、非常、非常痛苦的。我能看出来你一腔热血的优点，自然知道你孤僻懒散、自以为是的缺点。方法很多，不过我不确定你吃不吃得了苦，我和你共勉吧。

在成为最厉害、最厉害、最厉害的道路上。

{先讨好自己，再去讨好世界}

[1]

小时候，我觉得自己长得不够漂亮，也不讨人喜欢。为了避免被嫌弃，我从来不主动跟人交朋友，即便是已有的朋友，也轻易不敢多说一句，生怕一不小心说错话，人家心里会想：这个人又丑又笨，为什么不躲远一点？

有一天，妈妈给我买了一对小玉蝴蝶的发卡，并夸我戴上像公主一样。小孩子的虚荣心是多么容易满足啊，那一刻，我真感觉自己变成了公主，还是国王殿下最小的那一个。

于是，在我戴上小玉蝴蝶发卡的那个下午，我快乐地飞翔在同学们倾慕的眼光中，四处高谈阔论，大家也跟我聊得热火朝天，惊讶于原来我这么有想法。

临近放学，陶醉在幸福中的我忍不住暗自感慨："这个发卡还真有魅力啊，大家竟然都开始喜欢我了。"

就在这时，我的同桌忽然说："哎，你今天戴了漂亮的发卡啊。"话音落下，其他人才围过来发现了发卡。

原来，吸引他们的并不是什么小玉蝴蝶发卡，给我带来好运的也不是什么小玉蝴蝶发卡，真正为我改变境遇的，是一颗由内而外地散发快乐的心。

[2]

有一个建筑设计师，总是设计不出令人满意的作品，客户们批评他过于古板，缺乏创意，完全不能给人惊喜。

设计师觉得很委屈，因为他并不是一个不负责任的家伙；相反，他一直是个十足的工作狂，经常加班加点地赶样稿，可老天从来不眷顾他。相反，看看公司里那些年轻人，他们忙于闲聊、聚餐和约会，却经常能拿出令客户拍案叫绝的方案。

久而久之，设计师开始怀疑自己根本就不适合这项工作，于是他去找老板辞职。

他告诉老板，这份工作自己做起来很吃力，恐怕做不下去了。老板却问他："我们公司楼下的花坛里种的是什么花？"

他有点懵，不知道老板问他这个做什么，而且他每天在公司楼下脚步匆匆，并没注意到花坛里种了什么花。

老板叹了口气，又说："要不这样吧，你再坚持一个月，而且，这一个月里，我要求你每天抱你的女儿三分钟。"

一个月，对他的职场生涯来说算不上什么，三分钟，对他度日如年的一天来说，也算不上什么，他答应了。

最开始，他草草了事地抱女儿三分钟，然后哄她去睡觉。渐渐地，他发现三分钟已经不够用了，因为女儿要跟他说的话越来越多，他只好再抱得久一点。再后来，设计师自己也开始享受这项任务，喜欢上了跟天真烂漫的女儿闲谈。

有一回，女儿夸张地抬起胳膊，给他看自己在房屋墙角的碰伤。以前，她从来不这样向爸爸撒娇的，因为爸爸总是沉着脸忙于工作。

很快，设计师给客户提交了新的方案，他设计了一种内部无棱角的房屋，不仅造型奇特，让人耳目一新，而且非常温柔舒适，极具安全感，正适合当下准备要宝宝的年轻夫妻。

这一方案得到了公司和客户的一致首肯，成为年度的经典案例。设计师再也不想辞职了，因为他已经学会用全新的态度享受生活的乐趣。而且，他已经看到，公司楼下的花坛里，种着美丽的蔷薇。

[3]

我的邻居阿姨今年将近70岁了，会打太极拳，还很爱跳广场舞，是个乐呵呵的老太太。

年假之前，她突然来敲门，拜托我去市场的时候捎一些菜给她，原来她把腿摔伤了。

我这才想起来问候一声："您过年打算去哪里过呢？"

"还能到哪里，就在这里过呗。"这个独居的老太太笑了。

她青年丧夫，一个人把儿子拉扯大，儿子却先走一步，给她留下了白发人送黑发人的悲伤。她落得无依无靠。

她告诉我，她最开始就是想不通，为什么命运会对自己这样不公平。她整日愁眉苦脸，唉声叹气，日子越过越灰暗。

有一回她走在路上，有个小女孩不小心碰了她一下，女孩吓哭了，抬头看了她一眼，竟轻吸了一口冷气，然后倒退两步跑了。

她回家照了照镜子，发现自己一身黑衣，面容苍白冷峻，的确令人不寒而栗。难怪从早到晚，世界都冷冰冰地待她，没人给她一个好脸色呢。要是儿子知道，该有多伤心啊。

从那以后，她开始振作起来，注重一日三餐，努力参加小区活动，把自己调理得健康红润。她的朋友多了起来，生活也热闹了起来，连路上的人们也不再对她冷眼相望。她发现，日子变得不再那么难熬。

无论是你遭遇旁人的冷眼，还是遭遇命运的不公，如果生活还要继续，痛苦无济于事，何不讨好一下自己呢？

如果你不能给自己带来快乐，那么你更不能给世界带来快乐，如果你不能给世界带来快乐，那么世界反馈给你的快乐将更加少得可怜。要打破这个恶性循环，就得从自身的快乐做起。

所谓讨好自己，就是一种生产快乐的能力。我们只有首先愉悦自身，散发快乐，才能由己及人地去爱世界。否则，一个连自己或家人都爱不好的人，凭什么要求世界温柔相待？

所以，当你想要去讨好世界的时候，不妨先学会讨好你自己，然后，你会发现，讨好这个世界，并没你想象得那么难。

勤奋才不是一种无趣

有没有想过，你是从什么时候开始，从看不上勤奋狗，到对勤奋狗肃然起敬的？

其实，你从来也不是鄙视勤奋狗，你只是瞧不起只知道肘子用力的勤奋狗。

小的时候，我们向往的是长得美，玩得开，活得又酷又飒，喝酒逃学谈恋爱，从不复习功课，照样成绩很好——这种闪闪发光的同学，才是公认的人生赢家。

至少，我人生十六七的时候，大家都流行鄙视用功仔。觉得用功的人，土、木，没有情趣，不懂得生活。

勤奋，约等于无趣吗？当然不是。

记得当时年纪小，环顾一圈身边勤奋读书的同学，大多既长得不漂亮，也活得不漂亮。样本容量太小，并不能说明什么问题。

说到底，我们对勤奋的狭隘偏见，还是因为没见识。

如果我少年时，身边有很多像美艳叽这样又富、又美、又拼、又低调、眼高手更高的时髦小伙伴，显然，我对于学霸、富二代、校花的认知，就不会如此浅薄。

在俗世智慧的经验逻辑里，整个世界就必须"平衡"——好像你长得丑就一定会努力，你好看就不可能读得好书，你能力强那你肯定是学渣、你工作狂就得是性冷淡……呃，是谁告诉你的？

直到长大以后，遇见越来越多优秀美好举重若轻打拼得积极充实，生活得朝气蓬勃的人们，才知道曾经你激愤地以为的不可能，只是因为你见过的世界太少。

去年9月我辞职的时候，前老板打趣揶揄我说你看看，赖你爱写，满城风雨说你离婚离职去创业。

我的家里人反倒宽慰我说：普通人，看到马路上开着一辆好车，开车的人是女的，年轻，貌美，所有人的逻辑都是，哼，要么二奶，要么富二代。

你入行晚，专业不对口，没有背景，你怎么解释自己为什么那么年轻就当上时尚大刊主编，你还不老不丑不贪，家庭幸福，友情融融？

这不可能！

你最好要么靠爹，要么靠睡，要么靠洗钱，结局必须得再落个身败名裂，家庭破裂，幡然醒悟，洗心革面，这才符合大众喜闻乐见的坊间传奇。人们才会觉得，喏，你看，老天是公平的。是啊，你永远不会有机会摇下车窗，对着隔壁的人大喊：

喂，本姑娘既不是二奶也不是富二代。

很多年前，在饭桌上，有个著名外企的高级职业经理人，得意扬扬地分享把妹经验：

不要在国际航线的商务舱和女孩搭讪，她们不是富二代，就是二奶，惹不起。

当时我很尴尬，问他：

像我这种靠工作坐到前舱来的呢？

他一挑眉说：你不是富二代吗？不可能。不是富二代，还肯那么辛苦做这种不赚钱的工作，那就是脑子有病了。

这个时代，已经有越来越多人，愿意像你我一样，以万分之一的可能生存。即便如此，中止无谓的争辩最好的办法仍然是——"对对对，我有病。"

曾经有个很火的网络爆贴，《不是别人太装，是你太low》，大意是讲，你老觉得人家在吹牛，显摆，装阔，炫耀，无论是炫耀财富、资源、名气还是学识，其实，很有可能，这只是别人生活日常的真实图景，是你没见识过，才觉得不可能。

文章虽然很粗俗，但话糙理不糙。

看到好多艺人朋友在朋友圈转发，我特别理解他们的心情。

人们都误会艺人赚钱特别容易，出门一站，出场费几十万，拍张照，几百万几千万。似乎成功成名，都有个Easy Access，找到它，从此一夜天下名。

地震了，艺人捐款少要被骂黑心，捐款多要被骂爱出名，捐款不说被骂装清高；办婚礼太隆重被骂挥霍，办得简朴，被骂抠门；赶工搭私人飞机，怀孕拍戏跟房车，任何正常的工作需求，都会被解读成炫富、炫技……

我只能说，实在是太有空了，才能闲扯出那么多淡来。各自忙着奔赴锦绣前程都来不及。

艺人如此，职人也一样。

某个著名的科技自媒体，在订阅号下公示企业商业软文洽谈50万起。

隔空喊价这种"晒幸福""拉仇恨"的行为，瞬间激怒了其他行业的Kol们，有美容、时装博主在朋友圈截图开口大骂人家傻冒："怎么不开100万啊，这么显摆有必要吗？有人买才见鬼。"

经纪人告诉我，大牌媒体人，这个价格在科技、汽车、财经领域，是很常见的。一分钱一分货，一毛钱二分货，一元钱三分货。商业市场不傻，供需关系、稀缺性资源，很大程度上影响市场定价。别说给你50万，就是给你500万，让你把搓衣板跪穿了，你也写不出来啊。

后来，遇到过开价50万买公号软文的客户，我便理解，哦，不是人家爱吹牛，是咱们没见识。

我妈老跟我说，以前年轻的时候，经济条件不好，看到国外杂志上印的漂亮衣服、鞋子，一件衣服要三五万块，那么贵！谁买啊！大家都觉得肯定没人买，有病呢！小姐妹们达成共识："我们不是没有钱，有5万块也不会拿去买衣服呀。"

后来，回头看看，那时候就是穷。

说什么"不是没钱，我有钱也不花在ABCD上"，本质就是没钱。等你有钱到5万对你来说就像50，这个问题根本不存在。

说到底，还是没见识过那一层的世界。

常年有各种小朋友吐苦水，抱怨她的同事、同学，是多么针对自己，控诉各种对方令人忍无可忍的显摆、吹牛、挤对的故事。比如，在朋友圈晒包晒钻戒，晒富爸爸美妈妈，晒高学历老公、婆婆超级大红包，抱怨出国度假没订到商务舱要受罪挤经济舱等等之类。

人家爱晒自己亦真亦假的日常，你却在心中呐喊一百万次：不可能！凭什么！丫买的Birkin肯定是高仿！

且不论，你是不是真的有那么重要，重要到对方要大费周章地为你演出一整套煞费苦心的朋友圈。

一边吐槽，一边还看，你觉得这样很好玩儿吗？有意思吗？为你的生活带来任何好的改变了吗？

究竟什么才是对你重要的事？别人的人生到底是富贵还是寒碜，对你来说真的很重要吗？比你自己的锦绣前程还重要吗？

你就那么没有自己的人生可忙，没有自己的事业可拼，没有自己的梦要追，没有自己的家庭需要用心经营了吗？

有一次小肥羊挨了骂，回嘴说，我一天只睡7—8个小时啊，不多吧？话音刚落，立刻招来了所有的人的白眼：

不怪你不努力，只怪你没见识。

多年前，有个时装编辑，她怎么拍片都拍得进步不大，特别委屈，痛苦，跟我大哭说为什么我不行，我已经够努力了，我每次拍片都早上10点开拍，拍到半夜3点，就这七八张片子也拍不好，难道是我特别笨吗？

于是，带她去看一看她的前辈们是如何工作之后，立刻闭嘴了。

本来，她觉得自己付出已经够多了，当她看到比她优秀，比她资深，比她更有天赋的人，比她更努力、更踏实花更多的时间用更多的心——她才知道，哦，原来想要得到这样的成果，本来就是要付出这样的心血。

从前只是自己没见识，给自己设置了错误的期望值，以为谁都可以随随便便成功。

这些年来，每次加班、学习、讨论、访友，麻辣叽都是必须留下跟我同步的，无论与她的工作是否相关，她都要留下一起学习。

我老说：女儿啊，你像我，咱们笨，笨鸟得先飞，要早起，要看书，要随时做笔记，要学习，咱们不像美艳叽那么天资过人，我们没有资格生病，耽误不起，生两天病，学习就跟不上进度。

麻辣叽，真的很笨吗？当然不。她非常聪明，不仅有小聪明，更有大悟性。只是，最可怕的就是——

比你瘦的还在减肥，比你美的还在捯饬，比你聪明的还在学习，比你优秀的还在努力。

身在这样的团队里，有那么优秀的榜样在身边，你敢懈怠吗？你肯，你的自尊心也不肯。

{ 大多数的成功
都源于刻苦 }

[1]

1987年，由于机缘巧合，张艺谋有机会在吴天明导演的《老井》中出演男主角。

吴导分析了张艺谋的两个优势：第一，他的形象气质与角色颇为接近；第二，他对生活和人物也有比较透彻的理解。可张艺谋不这么认为，他觉得自己缺的恰恰是对人物的精准理解。

为塑造好这一形象，他用足了笨功夫。在体验生活的2个月里，他完成了自己设定的目标任务，坚持每天早、中、晚从山上背下150斤左右的石板，硬是没有落下一次。对张艺谋一根筋的做法，剧组里一个男演员拿腔拿调地打趣："你个陕西愣娃！"惹得大家笑成一团。为了体验到被困井下三天的真实心理，他真的傻傻地饿了三天，三天未进一粒米，张艺谋说："不试过，我不放心！"

他愿意尽自己最大的努力把事情做到极致，他把笨功夫做到家了。凭着这个角色，张艺谋获得金鸡百花双料影帝、东京国际电影节最佳男演员。

[2]

钱钟书的文章写得好，做读书笔记的功夫更是一绝。他的笔记本比普通的笔记本厚四倍多，上面密密麻麻，满满当当。

钱钟书每读一本书，都要做笔记，不仅摘录，还随时写下心得。著名作家有关文学、哲学、政治的重要论文，他不仅做笔记，甚至还要记下刊物出版日期。钱钟书的夫人杨绛先生还记得，做笔记的习惯归功于牛津大学图书馆"饱蠹楼"。因为这个奇葩的图书馆，图书概不外借，书上也不准留下任何痕迹。也就是在这里，钱钟书把他的笨功夫发挥得淋漓尽致，他带笔记本和铅笔，边读边记。

杨绛说，有一次，读了一页书，他居然做了十页的笔记。肯下笨功夫的钱钟书，日后能轻松背诵很多很多的诗词和文献，能信手拈来林林总总的经史子集，真是不足为怪了。

[3]

随着小说《陆犯焉识》被搬上银幕，拍成了电影《归来》，严歌苓也越来越多地被人们所熟知和喜爱。但是很少人知道，当年为了写《小姨多鹤》，严歌苓简直是不计成本。她用高达150美元一天的费用请了个既懂英文又懂日文的翻译，去到一个名为nagano的村子里住了3次，与当地人一起吃，一起喝，一起看日落日出，观察他们的生活，感受细节末叶。

她说，人越成熟就越知道天高地厚，如果不在那个地方住下来，我没有自信写好那个地方的人。有时候，严歌苓会骂自己笨，她写什么要像什么，如果不把功夫扎扎实实花进去，她就没有十足的把握。而没有十足把握的事情，她是不干的。

生活中有很多人只想着事半功倍，不愿意下笨功夫，有可能也不屑于下笨功夫。爱因斯坦曾说，人们把我的成功，归因于我的天才；其实我的天才只是刻苦罢了。要从众多的人中脱颖而出，成为人们所佩服的人，多花些笨功夫可能是办法之一吧。

{ 努力从来都
没有太晚一说 }

1958年，一个叫渡边淳一的日本青年从札幌医科大学毕业了，他在一家矿工医院做了一名外科医生。在世人的眼中，这是一份收入稳定而又体面的工作，可渡边淳一的内心却十分纠结。

渡边淳一出生于北海道，他在札幌一中读初一时，遇到了一位国语教师，他在每周三都会教学生们阅读日本古典文学作品。这仿佛为渡边淳一打开了一扇神奇的窗户，他一下子被这个迷人的世界所吸引。在初中和高中的六年时间里，他读了不少日本小说，从川端康成、太宰治、三岛由纪夫，直到"战后第三拨新人"的作品，那时他最大的理想就是当个文学家。然而他当文学家的梦想却遭到了母亲的极力反对，她是当地一位大商人的女儿，在渡边淳一的印象中，母亲是"一个强悍、喋喋不休，永远把他当成小孩的女人"。没办法，他只能听从母亲的安排，成为北海道大学理学院的一名新生。

在大学里，他十分羡慕文学院的"文学青年"，经常为自己无缘坐在研究室中全力读文学，只能啃一些枯燥的理化教材而愤愤不平。为了安慰不安的心灵，他一头扎进了图书馆，阅读了大量外国文学作品，包括海明威、哈地歌耶、卡缪等人的作品，其中卡缪的《异乡人》令他大为倾倒，一连读了三次。

成为一名医生后，渡边淳一的工作有时十分繁忙，可这样的忙碌越来越让他疲惫不堪，因为在他的内心深处，那个始终牵动他的文学梦似乎离他渐行渐远，这让他越来越感到寝食难安。有一天，他无意中看到了一个叫摩西奶奶的美国老太太的故事，便以春水上行的笔名，提笔给她写了一封信，述说了自己的困惑，问她："一个人在28岁的年龄，才开始一条文学之路，会不会太晚呢？"

让他想不到的是，不久他就收到了一封回信，在信中，摩西奶奶讲述了自己的故事。她是美国纽约州一个农村的普通村妇，以刺绣为业。76岁那年，她因为严重的关节炎，不得不放弃刺绣，但她却拿起了画笔，从头开始学起了绘画。几年后，一个收藏家在村里的小卖部里注意到了她的绘画，把她的作品带到了纽约。1940年，80岁的她在纽约举办了首次画展，引起了轰动，她质朴的艺术风格受到世人的追捧。在二十多年的绘画生涯中，创作了1600余幅作品。后来，摩西奶奶又在写给他的明信片上写道：做你喜欢做的事，上帝会高兴地帮你打开成功之门，哪怕你现在已经80岁了。

摩西奶奶的话让渡边淳一豁然开朗，他毅然辞去了医生这份安稳的工作。母亲得知他打算去东京专职写小说时，愣在那里，随后几近哭着说："求你了，别去干那种卖笑的事。"可现在，谁也不能左右他了。

然而比起拿起手术刀做手术来，靠写小说来生存十分艰难。渡边淳一后来描述自己的生活："晌午起床，傍晚开始上班，深更半夜不睡，收入极不稳定，银行也不肯贷款，我甚至觉得还不如卖笑。"

不过渡边淳一已经没有退路，虽然他一度穷困潦倒，但他不肯让自己的梦想之火熄灭。就这样，他一路写来，他成为日本文坛"情爱小说第一人"。从1970年《光和影》获"直木文学奖"，至今他已出版150多部作品，深受读者拥戴，粉丝遍布世界各地。

在成功实现了自己的文学梦想后，渡边淳一最感激的人，就是摩西奶奶。如今年过古稀，他依然保持着旺盛的创作激情。

2001年，在美国华盛顿博物馆举办了一场"摩西奶奶在21世纪"展览，在展览的私人收藏品中，就展出了当年摩西奶奶写给渡边淳一的明信片。讲解员在讲完这个故事后，都会告诉人们这样一段话：你心里想做什么，就大胆地去做吧！不要管自己的年龄有多大和现在的生活状况如何，因为，你想做什么和你能否取得成功，与这些没有什么关系。

是的，在这个世界上，从来没有"太晚"这件事。就像摩西奶奶所说，只要开始，永远不晚，哪怕你现在已经80岁了。

{ 我就是想这样 } 傻傻的用力活着

　　我一直是个很用力的人，用力地做事，用力地学习，用力地减肥，甚至，用力地去喜欢一个人。

　　我不知道用力是否一定能换来什么结果，我只是觉得，自己跟别人差距太大，生命又太过短暂，不努力地燃烧自己，就害怕再也没有机会绽放。

　　今年五月份的时候，学校宣布参加国家改革考试，成绩按600学时的比例计入保研排名，相当于我一年半所有科目的成绩，并许诺这次考试成绩排在前十名的同学可以直接获得保研名额。消息一出，一片哗然，但学校一意孤行，我们说什么也都没有办法去改变，只能选择接受。说实话，我很不满，因为不想因为这一场考试就去改变自己既定的计划，可这次考试的成绩又实在太过关键，由不得我不重视。那时，有很多人都在劝我，你的计划都可以在保研结束以后再去实施，这一段就安心学习什么都不要去想。

　　是啊，这世界不多的是无奈的现实吗？别傻了，哪有什么自由，到头来不还是要坠入这条条框框之中吗？最终不还是要被这世界改变吗？

　　可是这一次，我选择说不。

　　我只是想试一试，哪怕就这么任性一次，我也想自己选择我的生活，如果失败了，大不了就此放弃，停止那些白日梦的想象。于是，我选择一边复习考试，一边申请夏令营，同时还跑步健身，阅读文献。正因为用力，才总是会给自己设立难以做到的目标，我想看看自己能不能同时做好这一系列的事情，我想试试自己选择的生活到底能不能一直坚持下来。

不疯魔，不成活。

我从未活得如此用力，做每一件事的时候都想要榨干自己，因为我怕我赌上梦想的战役会就此失败，因为我输不起。那一段时间，我甚至不敢让自己闲下来，我怕我一旦停止忙碌就会胡思乱想，我怕对未来的恐惧和焦虑会把我吞噬。

两个月里，我没日没夜地看完了三千多页的辅导材料，十几本的专业书籍。

两个月里，我连吃饭的时候都在用手机刷题，我刷烂了整整三本练习册，做完了两万多道的选择题。

两个月里，我每天走在路上都在一边记忆自己总结的知识点，甚至有天早上起床，室友告诉我，我昨天夜里说梦话在背书。

两个月里，我坚持健身、减肥，做平板支撑做到浑身瘫软，跑步跑到气喘吁吁都咬牙坚持。

两个月里，我熬夜到凌晨两点修改申请材料，从牙缝里扣出时间去完成夏令营的面试题目。

两个月里，我逼着自己去看英文文献，遇到不会的单词就查，一遍读不通就读两遍，两遍不行就来三遍。

两个月里，我一口气申请了十几个夏令营，查阅文献去了解自己完全陌生的领域，因为我想见识更大的世界，发现更多的东西。

我就像干燥的海绵终于遇到了海水，拼了命地吸收、汲取，生活明明那么苦，却还感觉到发自内心的喜悦，因为这是我自己选择的生活，这都是我自己想要做的事情。当拼搏被拼命所取代时，你终究会强大到无以复加。

两个月过去，学校举行的那场改革考试，我最终考了全校第一；我在两个月里瘦了将近20斤，现在已经可以轻轻松松跑完5000米；从几乎每个单词都需要翻译，到现在已经基本能粗读文献；收到多个高校的夏令营入营通知，专业涉及多个领域；一整个暑假，我几乎跑遍全国各地，并最终被自己心仪的学校录取。

很多人都很羡慕我，觉得我一路顺遂，生活像开了外挂一样，仿佛从来没有遇到过什么难题，想要的、想做的总是可以实现，轻而易举到令人眼红，但只有我自己知道，他们看到的只是实现梦想时的灿烂与美好，看不到的却是无数个黑夜里的隐忍与煎熬。

很多人都问我，为什么那么苦、那么累的生活你都能咬牙撑下来，干嘛要那么拼命，干吗要那么用力？我只是觉得既然生活是自己选择的，那我只想用力地把它过好，哪怕是拼了命我也想试一试，看看自己到底能不能做到。我不怕千万人阻挡，只怕我自己投降，因为人一旦放弃可能就再也没有勇气了。

我一直都不觉得我做事有什么天赋或者诀窍，我只是一直在傻傻地用力，甚至有时候会因为太过用力而不那么讨喜，但我总想着如果能够多坚持一点，是不是生活就可能会不一样。我就像一块满带棱角的石头，在这个世界里横冲直撞，哪怕满身是伤，也还想试着多做一天自己。

小时候，我总觉得动画片里的堂吉诃德就是个傻瓜，每天生活在虚假的幻想当中，却还总觉得自己是个英雄。可直到现在，我才无比羡慕他的生活，为了自己的英雄梦能够与恶龙殊死搏斗，不管被打得多惨都还是接着走在路上，即便生活狼狈，内心却强大无比。

如果可以，我也想成为堂吉诃德，做自己世界的不老骑士。

我不知道自己还能这样傻傻地用力多久，我不知道自己还能自由多久，或许有一天我终究会被这世界将棱角磨平，坠入条条框框，不再有白日梦般的幻想。但至少在那之前，我愿做个拼命三郎，与这世界殊死抵抗。

{ 所有的幸运 都是努力的成果 }

[1]

我有一个好朋友L，一个美的女生也都想把她当作女神的人儿。

她有一副天生难自弃的面容，可偏偏漂亮的她还很聪明，很多事情在她手里都可以很好的处理。身边的朋友偶尔聊起她的时候，大家说的也都是，她真漂亮，漂亮真是美好人生通行路上的许可证，难怪她一切都会那么顺利。

每次听到这样相似但不相同，但又都是满满羡慕L的话语时，我只会在旁边笑笑。相比她们，我和L熟络一些，偶尔会分享一下读的书，讨论一下爱情观或者生活观，因为真正了解，所以知道L其实是一个很努力、很拼的美女。

在大家都在拼命准备高考，无心关注其他的时候，L已经会在空闲时间看心理学、人际关系和时尚方面的书，很用心，也会把她觉得好的理论记录下来，她还挑选了一个很代表心意的本子记录。那个时候，她还会用书皮把那些书包得很好，或因为珍惜，又或许她并不想让所有人都知道她在关注这方面的东西。

在我们都进入大学，大家都顾着玩的时候，她加入了校广播台和学生会。大一那年，L在广播台也就写着烦琐无趣的播音稿，在学生会也基本就是跑腿或者一些大家都很不屑做的琐事。L坚持做了，并且做得很有成就。因为她不是单纯地抱着完成任务的心态去做，而是想去学习东西。

高中那个代表心意的本子也一直跟着她，L并没有停步，也继续钻研这方面，并且将她学的感悟应用到她的生活她的各种学生工作里面。因为她的努力和钻研，她成了学生工作里面出色的那一个，人缘也是很好。

　　她之前跟我说，有一次大家在群里投票选出预备党员，她还没搞清楚状况就被告知她票数最多选上了，我当时回了她一句，"这是你努力得来的幸运"。当然毫无悬念的，最后部长换届的时候，她成了部长；主席换届的时候，她也成了主席。在广播台和学生会都向她伸出橄榄枝的时候，她选择了学生会，因为她说，"广播台大部分都是艺术学院的学生，管理起来比较麻烦"。

　　紧接着，因为当了主席跟老师接触比较多，老师们看到了她的能力，于是她就成了学生加实习辅导员，L前段时间跟我说，学校这边说，如果我想留毕业大可在学校当辅导员，但是我打算考研，因为我想当个有文化的人，去学习更系统的知识。

　　关于她的美，那又是另一个内涵的表现。因为生得好看，所以看起来好看，这应该是大多数人对美的原因最实诚也最认可的解释。但是能让天生丽质延续二十多年也是一门技术活。L是真正的美女，不仅得感谢她爸妈，也还要谢谢自己。

　　平时，她会去健身房，她自己家里也买的有小杠铃，为了健身也减脂；她会有意吃一些低脂但是有营养的东西，哪怕有时候会错过很多美味；她会研究化妆，随时让自己呈现给别人的是美好的一面；为了买上好看的衣服，她会走好多地方去试，会关注时尚。

　　当然，以上那些努力的部分，L从来不会刻意跟别人说。通常大家看到的就是，漂亮的L身边有很多喜欢她的朋友，真幸运；幸运的L就这样随随便便当了个部长，还成了主席，现在还是实习辅导员，肯定是受益长得漂亮的n多好处之一。

我们总是第一眼就看到别人光鲜的一面，却又总在听到别人客套的话"我只是比较幸运"后，我们也会选择相信只是别人运气好，真相却永远被我们的不愿相信掩盖。并不是因为天赋差一点才努力，而是因为努力才更光鲜。

[2]

我的大学前两年在很多人眼里算是真幸运。和她们一样看起来没怎么努力的我，似乎什么都得到了。

大一那年，带着高三的解脱以及刚到大学的那股新奇劲，我和室友一样，上课的时候拿着手机聊天玩各种游戏，下课的时候不是到处玩就是在寝室没日没夜的睡，好像是要把高三没睡到的瞌睡都睡回来。大一结束了，同为学渣的我拿到了奖学金，她们当时并没有觉得我聪明，只是觉得我真幸运。

大二的时候，考计算机二级，我跟她们也是一样，来了学校再开始备考15天然后考试，结果还是我一次就过了，她们都没过。那时候我安慰她们说我运气好抽的题简单，你们多做做题库可以过的，本来规律一般是要考两次才过的。她们也都说"真羡慕你运气好，抽的题目简单"，并且祈祷下一次可以运气好一些。

后来考教师资格证的时候，她们都去报培训班，我就自己看书自学。报名的时候，我一次性报的三门，也真的很庆幸都一次过了，当然她们报名了两门也都过了。许是前面几次的铺垫，这个时候就有一个室友对我说"真佩服你，我一直觉得你很聪明"。

一切都让人看起来，我真的好幸运。我也从没想过要跟别人说清楚我的努力。大一那年，我很走心地完成每个老师布置的作业，记得社会学老师要我们去采访一个你很佩服的人并写一篇文章，在大家都靠想象写的时候，我正儿八经地去采访我很佩服的那个很牛的学长，然后就着我的感悟写出了那篇论文，加上平时各方面都表现还好，那门课我得了98分。

虽然很爱玩，但每个星期我都会抽个时间看一下老师这个星期讲的内容，并且真的很用心地准备期末考试。备考计算机的那15天，我每天抱着电脑真的是在做题库，并没有做着做着看电视剧去了。准备教师资格证考试的时候，我抱着认真绝不偷懒的心态把那三本书来来回回看了三遍。

我在这里说这些，并不是说我有多么多么牛，只想把自己当作例子去清楚地论证一件事：那些在你们看起来我毫不费力做成功的事，其实都凝结着我的努力。这世上没有哪一件事能够轻而易举的成功，除非你真的天赋异禀。

[3]

也许有人会说，努力了就会被看见，被遮盖的努力是不是你们幸运之后为自己找的说辞啊，有时候成功就是靠运气。

可是，世上真的有那一类人，比如我。虚荣如我，我花时间、花精力，去努力做一些事，然后尽可能省略地告诉别人过程，只是为了让自己看起来可以毫不费力地做成某件事。

中国传统里有一个词"体面"，我们努力地赚钱努力地做某件事，终极目的也是一个体面。同样，那我们不到处去说我们如何如何努力了，直接光光鲜鲜地站在别人面前，这种行为是不是也可以理解。

我努力了，只是没被你们看到而已，所以你们才会觉得我毫不费力气的成功了。

关于成功是靠运气这种说法，我承认但是不认同。有时候的确时机也对某件事的胜败起着至关重要的作用，但是要知道，所谓的运气也许努力的产物，不是有一句话是"越努力越幸运"，纯运气这种东西比中彩票还难。

人生在很多时候还是公平的，它也一直实行着"努力的人儿更容易成功"这条游戏规则，要想玩好这个游戏，你也只能遵循他们的规矩。我们都知道天上不可能免费掉馅饼，那么此刻，你也要坚信，天上不会免费掉幸运。

别忙着去羡慕别人，也别忙着此刻在心里规划自己要如何如何努力，生活里最不缺的就是口头上的励志者，我们需要的是在实践中去努力并且坚持。用心完成好当下你的每件事，尽可能地去提升自己，那么，有一天你也会是别人口中的幸运儿。

你想做成某件事，所以尽力去拼、去努力呀。

要努力，要坚持，要相信自己！

{ 下本钱去投资打造自己， 你才能成为自己想要的模样 }

出来工作一段时间不难发现，职场里的一些人，并没有因为工作年限的增长而获得更好的机会，更别说出任CEO，迎娶白富美，从此登上人生的巅峰。

还有一些人，一个经验反复用、年年用，看是很资深，实则已是瓶颈，如果没有办法突破，到了一定年龄，晋升之路只会是长江后浪拍前浪，前浪死在沙滩上。

也许你会嚷嚷，我一个女孩子这么拼干吗，找一份钱多事少离家近的工作，再找一个疼你爱你的老公，那日子多幸福，女生不就该这么温润如玉吗？

你确定温润如玉是这么用的吗？？

那且听我讲身边一朋友的故事：

小Y是我大学时代在大雨中等车认识的，开朗的女孩，小我一届，从千里迢迢的北方独自来到南方找儿时的闺密。一直保持联系至今，慢慢发现她是一个特别的女孩：

为了能得到交换生的名额，英文一般的她日日苦练英语，把词汇表背从食堂背到宿舍再背到厕所背到床上，因不吃饭、不睡觉地学习导致生病了，依然打着点滴坚持学；

出国后因为好吃的食物没管住嘴，外国的食物热量又很高，从此小腹突出变成土圆肥，她痛下决心只吃粗粮和蔬果，坚持运动而累得不行；

回国后，因为热爱古文篆体，她报名去学，坚持练字；

因为热爱西班牙语，她去旁听，去下载口语对话练习，尝试看西班牙原著书……

她似乎是一个朝三暮四的疯女子，永远有这么多的想法和精力，她在国外能感受到浓厚的外国文化和氛围，趁着游学机会去了十几个国家，见识了不同的风景和人，能操着一口令众人羡慕的美式口音讲英文；

她因为健身有了马甲线，穿着欧美风格的大衣和牛仔在各大景点留下她的足迹与倩影；

因为练字出众，经常和书法协会去做活动、搞慈善；

因为能说英文和西语，偶尔还能当当翻译兼职；

更可恶的是，她还用兼职的钱经常去旅游。

我问她，为什么你总有这么多时间、这么多精力，能做出这么多精彩的事。她说：我只是在投资自己，女生的青春只有这么十几年，趁着这段美好的时光，做自己爱做的事。

多么聪慧的女子，正因为她能有这样的投资眼光，她才能得以快速地成长，不断地增长见识与阅历，因为眼界的不一样，瞬间就觉得和自己一比弱爆了。

你要成为你想要的模样，你必须下本钱去投资打造。

第一，你的目光越长远，你的投资回收期就越长。

有的人要减肥，就拼命节食，落得狂掉头发一身病痛，空有一副松弛的皮囊，殊不知其实坚持运动和健身才是最没有副作用的好方法；

有的人要学好英语，疯狂背词背题做试卷，然后你考过了四级、考过了六级、考过的BEC，但出国仍然操着一口憋脚的英文，殊不知学好英语的诀窍在于多听、多开口说和模仿和多练笔；

有的人想要写得一手好文案、做得出精美的设计，发愤图强列出一二三四宏大的目标和蓝图，但是却三天打鱼两天晒网，最后什么也不是。

每个人都有自己的小小的梦想，但是仅看到要有收益，急功近利，计划一大堆，什么都急最后什么都不急，这样的投资是失败的。长远的投资，必须是坚信自己，过程中无论遇到任何困难都能坚持下来，那么你的投资，将会给你长远的，甚至是一辈子的回报。

第二，投资自己，你要舍得，不仅仅是金钱，还有时间和精力。

记得看到一个在卖楼朋友的销售文案：

第一年首付的钱是挤出来的，第二年月供的钱是省出来的，第三年你开始收租金了，第四年你已经习惯再买几套房了……多年以后你会发现：身边的朋友没买房的，钱也不知道哪儿去了！而那些买了房的，也没多耽误生活，家里也没少点啥的，最终却积累了一大笔财富和多了几套固定资产。

这文案肯定是北大文学系研究生写的，看得穷困潦倒的我都想套上丝袜去银行打劫买房了。

投资财富如此，其实投资自己何尝不是。

你月薪三千，觉得工作辛苦，下班了就应该去唱唱K逛逛街，和恋人唠唠嗑和朋友吐吐槽，却有人舍得花一万多元去学习化妆，最后成了美妆博主的网红。

你觉得你没有时间，可有的人做着一份别人一天都应付不来的工作，还能坚持日更写文章，创办了个人品牌，得到了天使轮的投资。

这都是真人真事啊！！！大神那么多，都是因为他们愿意投资自己，毕竟，那句"未来的你一定会感谢现在如此拼命的自己"这一碗浓鸡汤，他们一定干了不少吧。

第三，只要你愿意，你想要的一切，都会有的。

有的朋友问我，Lori，我想学烘焙，可是现在身边好多人都很厉害了，我现在去学迟不迟。

"那就去做啊，只要你愿意。"

可是我还差一个搅拌机，还差模具，关键是我还不会，我想学好了想开一家烘焙店啊。

"可以先一步步做起，先烘个简单的蛋糕，成功了再入手一些进阶的产品，关键你走出了第一步了没？"如果你是完美主义，没有准备齐全就不去做，那么你学烘焙只是一个想法，你开烘焙店也只是一个想法，连你的梦想都是想法。

种一棵树，最好的时机是十年前，其次是现在。我相信，投资自己，如果还没有开始，那么现在开始起来，一点也不迟。不然，30岁的时候你觉得做烘焙很迟，那么你35岁的时候肯定会后悔你30岁的你干吗去了；你35岁觉得做烘焙很迟，那么你40岁的时候肯定会大骂35岁的你咋不上天呢。

只要你现在愿意开始起来，坚持下去，那么生活将会向美好的方向前进。

第五章

成功者就是
胆识加魄力

{ 谁的成功
不是先苦后甜 }

[1]

到另外一座城市溜达，依然是夏日炎炎。持续的高温让人总有一种慵懒的感觉。

和闺密一起吃饭，聊起她20岁的表妹。

表妹是在校学生，利用暑假来北京实习。每天早上六点多起床准备工作资料，然后开始一天紧张的实习工作；晚上恶补各种工作需要的技能和知识储备，一直到十二点躺下休息，还有一个小时的挪威语听力练习，为随后的国际交流课程做准备。

半个多月了，一直像陀螺一样转。

闺密心疼她，问她一天休息五个多小时怎么够。小姑娘说，因为想要更好的生活，除了努力没有别的选择。

闺密感叹，因为足够努力，表妹在每个阶段，把想要的生活稳稳地掌握在自己的手里。

我记得自己在20岁的时候是什么样子，除了迷茫什么都不知道。没有为自己的未来主动做些什么，被动地完成作业，被动地完成实习，毕业就好。也因为没有主动性，没有玩好，也没有学好。

回过头来看，被我大把大把挥霍掉的，除了最美好的时光，还有一些更好未来的"筹码"。

而这个刚刚20岁的小女孩，已经努力为"更好的生活"马不停蹄地奔走着。我不能预知她的未来会怎样，但是我相信生活不会亏待任何一个认真努力的人。

[2]

其实每个人心里都想要更好的生活，却在实际中什么都没做。于是那个想要的生活，会一直存在于想象里，看似很近，实则虚无缥缈。

生活不会平白无故地奖赏任何人。只有愿意承受过程，才配得上拥有"更好"。大到更好的未来，小到掌握一项技能，都是如此。

我学吉他的时候，看老师很随意地弹出那么优美的曲子，自己按下去琴弦指头都揪心的疼。练了两次，指尖火辣辣的疼。再次上课的时候，不忍心把红肿的指尖按在琴弦上。问老师，有没有软一点的琴弦。老师让我摸摸他的指尖。我说好像是硬的，和我们的不一样。

老师说，再好按的琴弦，手指头也要疼、肿、蜕皮、结茧、脱落、再结茧，反复几次之后，指尖就会硬，便不疼了。这是弹好吉他必须要经历的。如果不能把这疼痛变成习惯，是无法弹出好听的曲子的。

十年前我开始尝试花样轮滑。花式轮滑玩得很帅的小壮说，这个要练基本功。比如要学蟹步，正常人的两只脚不能平开，只能画小圈，不能沿直线滑行。如果想要把脚平开，每天回去把脚180度打开，趴在墙上一个小时，两个月后双脚基本可以平开，再按基本技巧练习，才可以做出很帅的蟹步。

我问小壮有没有速成的方法，他斩钉截铁地说，没有。不愿意承受基本功练习的过程，自然也不配享受结果。然后一个侧身，用蟹步快速过桩，流畅，潇洒，帅气。

跟吉他和花式轮滑一样，凡事都是先有过程，然后才有与之相匹配的结果；有足够的付出，才能有相应的收获。

很多时候我们眼里只有结果，然后过程的艰辛总是想要能省则省。不知道从什么时候起，铺天盖地的三十天攻破考研英语，一个月吉他速成，三次成为烘焙达人……这些口号喊得响亮，好像是真的一样。

人总是会相信愿意相信的东西，比如很多东西有速成之法。事实上，掌握考研英语，少不了长时间的积累和练习；学好吉他，少不了手指头上的茧；学会花式轮滑，少不了反反复复的自我"折磨"。愿意承担什么样的过程，才会有什么样的结果。

[3]

仔细想来，大部分时候，我们在谈成功的时候，想要的不是成功，而是不费吹灰之力就可以成功。殊不知，如果不愿意承受过程，也就不配享有结果。

工作中，有些人很快成为团队核心人物，能力和人品得到提升。升职快，加薪勤，应对自如，光鲜亮丽。这种人总是在工作上尽自己所能做到极致，遇到困难，别人退缩的时候，他坚持，遇到问题，别人逃避，他勇于承担……一个人在工作上所受到的尊重，是和他的能力、人品相匹配的。

一切得到，都是和付出相匹配的。

曾经，我们都以为会有一个更美好的生活在不远的地方等着，事实上，如果我们一直在放弃和妥协的时候，这个更美好的生活，实际上是不存在的。只有当我们愿意朝着这个方向，承担起风雨和烈日的时候，不妥协，不退缩，更美好的生活才会慢慢靠近。

叶子说她们办公室去年新来的同事小美，人美嘴甜，能力强，会生活。30岁，有一个模范老公，一双乖巧的儿女，一份体面的工作，是大家公认的人生赢家。

公司组织一起出去玩，叶子和小美安排在一个房间里。小美的幸福生活又一次被提起，叶子表达羡慕。

小美说："命运给了我一个男朋友，异地，他是国防生每天下午要查岗，每次都是我到他的城市，路上一天半，只为见上几个小时，坚持了四年。给了我一份工作，刚开始工作的两年每周工作超过90个小时，颈椎也是那时候落下了毛病。然后给了我一个老公，生活不能自理，家务一点都不会做，连拖把怎么用都不会。给了我一个婆婆，不看好我们婚姻，结婚三年不给一个好脸色，生完孩子态度缓和但是依然没完全接受。给我一个女儿，生产的时候出现意外，差点拿走我的生命，医生都问了家属保大还是保小……"

"如果在其中的任何一个环节，我的选择出了差错，我的生活不会是现在的模样。"

"只要结果是好的，即使过程不那么美好，我也依然心存感激。"

叶子听完不知道说什么。只是再也不会像之前一样觉得小美只是命好。她懂得这个生活努力又认真的女人，配得上她拥有的一切。

生活就是这样，会给用心的人以奖赏。

在任何时候都是如此。诗意和远方，不是会理所当然地出现在每个人的生命里。只有勇敢穿越苟且的荆棘的人，才可能抵达。

[4]

求而不得之时，眼睁睁看着别人过着自己想要的生活，总是会无限感慨。看到别人的成功，感慨自己的梦想被别人实现了；看到别人的幸福，感慨"我要是她，该多好"；看到别人的美满，感慨别人的好运气和好福气……

独独忽略了别人得到背后的付出。用一句老话说，就是"只看到贼吃肉，没看到贼挨打"。

每个人都会在心里勾勒出想要的生活，它就安安静静地存在着。我们不去，它不会来。

"你必须努力，才可能过上想要的生活"，看上去是很鸡汤的一句话，但是事实就是如此。生活不会平白无故给我们想要的，总得拿出点什么来交换。

不愿意承担，也不配拥有。更好的生活，需要日复一日的努力；更好的爱情，需要彼此锲而不舍的磨合；更好的自己，需要持续不断的打磨。

也许在通往成功的路上，努力是最不值得一提的事情。但努力是不可缺少的。这一份努力和坚持，吓退了多少人，心甘情愿放弃想要的，把梦想让给别人。

耕耘才有收获，是亘古不变的真理。没有无缘无故的功成名就，没有无缘无故的完美爱情，也没有无缘无故的岁月静好。你永远不知道别人看上去的云淡风轻背后，经历了怎样的一场腥风血雨。

[5]

云南的白族有用"三道茶"迎宾的习俗，同时也揭示人生哲理。

第一道茶叫"苦茶"。以大理特产的散沱茶为原料，用特制的砂罐于炭火上焙烤到黄而不焦，芳香袭人之时冲入滚烫开水而成。香苦宜人。

第二道茶是白族"甜茶"。它以大理名食乳扇、核桃仁片、红糖为作料，冲入大理名茶"煎制"的茶水，味香甜而不腻。

第三道茶叫"回味茶"。所用的原料是蜂蜜、花椒丝、桂皮、橄榄。酸甜苦辣麻，五味皆齐全。

先苦后甜，最后才能回味无穷。

这就是人生。

{ 内心强大，任何重压都不怕 }

[1]

那年我25岁，毕业两年，在一家银行网点做柜员。

工作烦琐压力又大，每天穿着制服在白炽灯下从早坐到晚，各种郁郁不得志，觉得日复一日的工作也没什么意思。

但有个对公窗口的女客户，让人印象深刻。

她家里有个造纸厂，规模不小，产品远销海内外。银行业务从不假人手，都是自己办理。我们有时劝她，简单的业务可以网上操作，可是她总说多少年习惯了，必须哔啦啦打在纸上、盖了银行的章，她才信得过。大家都不怎么喜欢她，她也绝不是那种讨喜的人。

60多岁的年纪，从外在形象上已经完全放弃了自己：半长的灰白头发，总是用一根橡皮筋随意绑在脑后，耳边、额前不时甩出几绺，嘴角的法令纹异常深重，两条八字直延到颔角。坐下来办理业务时，一条腿总是盘到另一条腿上，一年四季都露出半截灰不灰、红不红的秋裤。

她话不多，看的出一心都扑在生意上。有几次办业务还和柜员吵过架。最讨厌她的是保洁大姐，因为据说她每次来时都会吐痰，而且从不用纸包好丢进垃圾桶，而是直接吐到墙角——没错，一个成功的女商人就是这样不拘小节，把痰直接吐在了墙角。

有时我们几个小年轻会在背后揶揄她，说些"有钱又怎样，邋遢成这个样子，不像个女人"之类的风凉话。

[2]

那年秋天，她突然要调取公司6年前的银行流水。

要知道，那时候的流水都是打印在纸质凭证上放在档案库的，不像现在，键盘一敲，所有的信息自动搜索、匹配。主管面露难色，和她解释这是巨大的工作量，需要几个人在库房里至少一周才能完成。

那是她第一次面带笑容跟我们讲话，不是那种绽开满脸的笑，也不是客气请求的笑，而是一种轻轻淡淡的，从脑门开始向下展开的笑，像扔一颗石子进水塘，一圈一圈像外围扩散。

她很平静地说："我老公在外面有女人了，30多岁，抱着孩子找上门来了，离婚分财产，我得拿银行流水打官司。"说完，她习惯性地转身朝墙角吐了口痰。

我们网点从主管到柜员都是一水的女员工，闻听这个原因，大家也没有什么可抱怨的，立即忙活起来。整整一个星期，终于把凭证找全，足足有柜台那么高。

那一周里，她每天都来，还会带一个会计小姑娘。她一本一本查账，一边给小姑娘讲每笔流水的来龙去脉，一边指挥小姑娘做记录。

忙的时候，我常看她，不禁惊讶于工作状态中的她判若两人：她带着眼镜，十分专注，记得每一笔账目背后的故事。

"这笔5万的是甲供货商供次品那次，合作了7年，再也不进他们的货了。"

"这笔12万的是乙客户，是和我们做的第一笔生意，当年为了跟他们做成生意，我每天去找他们老板，三个月才拿下。"

……

小姑娘不住点头，眼里全是对前辈的敬仰。她面对员工时也特别有耐心，不急不躁，分享着公司经营的点点滴滴。小姑娘有几次犯了错，她一眼挑出，心思实在缜密。

[3]

这场离婚战争并没有旷日持久，大约一个月后，她就带着新的营业执照来变更法人了，之前老公的名字换成了她的名字。

她可能觉得那段时间我们帮她找资料很烦琐，有些过意不去，给我们带了一大盒进口樱桃。那樱桃真好吃，个头有草莓那么大，紫红色泛着亮光，汁水甘甜。

一个同事说："这一盒樱桃的钱够买一支大牌口红了。"我突然很不合时宜地想：她要是涂点口红，人看起来会精神很多。然而马上打断自己，不禁笑自己，又在用一个25岁的银行小白领的世界观去评价别人。

在我那狭小的世界里，不懂打扮，不会撒娇，不习惯打喷嚏时优雅地用纸巾捂住嘴的女人都是不上档次、缺乏修养的。25岁的我多么肤浅，背着攒了一年钱才买得起的包包，却背不起一点点委屈；脸上擦了珠光粉，却藏不住心底的不得志；行立坐卧必注意仪态，却在遇到困难时窝在家里哭，不敢挺身面对。

相较于这位大姐，我实在汗颜。

[4]

很奇怪，在对她的各种态度和看法里，我发现，竟然没有"怜悯"。

被抛弃的老女人，这样的定语，不是最该被怜悯的人群吗？

不，不是这样。

她沉着坚毅，一子一女还在国外读书，家庭变故不能影响了他们的生活，更不能因此影响了对他们的供养。多年商场打拼，她见惯了大风大浪，早已练就金刚身。

她一定很痛苦。共同生活了几十年的枕边人，突然背叛，拳拳到肉，痛苦里还杂陈着屈辱、仇恨等等世界上让人去发疯、想杀人的冲动。

可是，她不会像小姑娘一样，整日以泪洗面，说什么"男人没一个好东西"之类的废话；她也不会像祥林嫂一样逢人诉苦，陷在永久的悲情中。

她像一座石碾子，那些坚硬的谷物是生活中的养分也是苦难，她就那样一圈圈重重地、缓缓地碾过它们，把它们碾成细碎的、充满粮食芬芳的——人生。

故事到此结束。

她离婚后并没有变美，一点儿也没有，还是一如既往的不修边幅。至少一直到我2年后辞职，她都没有变美的迹象。离开银行后，我没有再见过她，不知道后事如何。

可是，我自此奉她为精神icon。

女人的励志故事，不是惨遭抛弃后重拾事业、化妆美容、减肥健身……而是仿佛这个男人带给她的伤害，像一阵微风吹过浩瀚的大海，没有惊涛骇浪，只有水面略略几道波纹。

想翻腾她的人生，你还不够资格。

委屈是变强 的必经过程

少年时代意气风发，做人说话都难免气盛，接纳现实，承认失败，从天上落到地上，这是一个特别痛苦的过程。

有人用了很短的时间，有人却用了很久……

那么我呢？

如果说去人生地不熟的南方，是我的一个决定的话，我得说这个决定并不冒失。

我大学毕业之前就想：我要走得远一点才行，一来是不给自己想家的机会，二来是断了后路，我才能安下心来。

那时候，北京是我最后的退路。我从一开始就很怕来北京，因为北京离家很近，几个小时的车程，万一受挫了、被骗了，我边哭边坐车回家，估计泪水还没干就到了。

我觉得这不行，你开始不对自己狠一点，后面一定会有更多让你哭的事儿等着你。

这一点，我始终都这么想。

所谓坚强，其实就是你熬过了最难的事儿，那么以后你就会安慰自己：再难也不会比那时候更差了。

经历过最差的低谷，你才有了承受能力，然后爬坡、向上，这都只是一个时间的过程而已。

去南方之后，我的第一个决定就是不同意当时面试的那家学校的霸王条款，这件事的代价就是之后一个月里找不到工作。

幸运不会天天都降临，煎熬、被否定、苦闷、迷茫，甚至金钱上的压力，都是随之而来的连锁反应。

阴错阳差获得的入职机会，总会有一种否极泰来的狂喜。而第一份工作遭遇到了吃不了的苦，一个月只有两天带薪假，还被建议最好不要休息，每天早、中、晚三班，从上午9点到晚上10点的上班安排，做的不是自己喜欢的设计，而是自己最不擅长的成本预算，整天在各种数字里算来算去，这种看不到希望的坚持，总会让人分分钟想逃离。

当时最大的想法就是，离开这个人生地不熟的地方，离开这个自己不喜欢的职业，哪怕代价大一点都没关系……

北方公司的面试通知带来的是离家近和自己喜欢的设计工作，这个通知宛如天堂来信一般，满足了我所有的许愿。这种盲目欣喜让我忽视了工资少了近一半的差距，还自我催眠说，只要是自己喜欢的，哪怕钱少都可以啊!就这样兴冲冲地回家了……

带着南方几个月的所谓经历以及唯一存下的一点儿车票钱。

其实，那时候没有任何长进。

回来受到的第一次打击就是，公司并不如我想象的大，家族企业注定了没太多的发展空间，同事之间算是和平相处，睡在公司阁楼的地板上，依旧周六、周日无休，每月两天带薪假。

好在因为经历过，所以更能熬得住。

一个月后调往总部，最大的感觉就是人多嘴杂，办公室斗争严重，裙带关系复杂。

住的条件艰苦，专业经验不足，人情交往不到位，被否定，没有自信，严重焦虑，不知道自己的未来在哪里，甚至一度都找不到向上的动力。

所以，现在有的时候，我很理解那些给我写信的朋友的心情，因为我当年也是从这样的迷茫中熬过来的，那时候非常希望有个人陪我说说话，哪怕是骂我、说我没用都好。

那段迷茫期真的非常难熬。

之后遭遇的打击就是发现自己的工资真的很少，以前你觉得为了理想，钱不是问题，后来你才知道，不论啥时候，钱都是个问题。

烧锅炉的老大爷笑着说："啊？你一个月才800元，我一个月还600元呢!咱俩也差不多嘛!"

那个时候，留在心底的不仅仅是失败，更多的是自我厌恶……

之后最大的打击来了……

那是我刚搬到设计室住的时候，虽然那儿暖气充足，但是要早早起来，以防别的同事来设计室自己还没起床，那会很尴尬。

起床之后，洗漱完毕，食堂的饭菜都还没有好，我就利用这段时间去跑步锻炼，这本来是个无心的动作，却被公司的总经理看在眼里。

公司的总经理是董事长爱人的姐姐，当初也是她把我招聘进来的。

某一天，她一早找我，说有点儿事儿交代我办。我当时还猜想，是不是看我最近很努力，设计稿也被老板频频看中，要给我提前转正加点儿工资。

所有的美梦都是用来被打碎的，异想天开最适合的就是冷水浇头。

总经理用一副长辈关爱的眼神看着我说："听说你最近每天都起来跑步？"

我点点头说："嗯，最近因为搬到设计室去住了，所以早点儿起来，别耽误大家工作；另外是觉得冬天多运动一下，省得感冒。"

"那么我有个事儿可能要拜托你一下。"

"啥事儿？您直说就可以。"

"咱们公司烧锅炉的那个老大爷，最近因为快过年了，所以提早回家了，现在锅炉都是老张帮忙照看。"老张是我们老板的司机，平日里还帮着处理一些送货之类的杂事儿。

"我看你这孩子也勤快，最近起得又早，本来烧锅炉的大爷每天早晨还负责把咱楼下的自行车摆好。咱工厂女工多，几百口人，人人都不自觉，弄得那车棚特别乱。你看你现在反正早晨也没事儿，就帮着摆一下自行车，等年后烧锅炉的老头儿回来再替你。"总经理一副慈眉善目的表情说着这事儿，我听后的第一感觉就是屈辱。

你会有那种感觉吗？尤其是在才毕业，刚刚工作的前期，你总会觉得为什么这个世界上会有那么多"不公平"！

前一阶段有个网友给我写信，说她进公司之后，发现自己没有工位，被安排到打印机旁边，和一堆废纸坐在一起，她觉得自己好像低人一等。

我说，我特别理解那种感受……

有时候，正是因为我们知道自己是新人，自己什么都没有，所以才会更渴望遇到一个积极向上的领导，一个和谐温暖的环境，一份维持温饱的工作，一个相对公平的待遇。

我们总是觉得自己要得并不多，而生活总是一次又一次地告诉我们，其实我们索要的这些都是奢望。

正是因为什么都没有，所以才更怕被人看不起。

我忘记了我当时是以什么样的表情点头的。

我这人个性很懦弱，尤其是当时又没什么自信，我不敢去顶撞领导，说我不做这个。

但是真的去做的时候，我又觉得厌恶得不行。

我是全公司唯一的本科毕业生，其他的两个设计师一个是专科毕业，一个是成人自考的学历。工人们都觉得我们做设计的很神秘，整天不用干活，只是画几笔就可以获得认可，现在被使唤得和劳力没什么区别。我内心里那一点儿小小的骄傲，终于在这个命令面前变成了齑粉。

我记得第二天下楼的时候，有的职工骑着自行车来，看到我在摆自行车都很诧异地问我，开始的时候我还解释，渐渐地，就索性说："唉!领导让干啥，咱就干啥呗。还好没让我去烧锅炉!"

就是在那个时候，我决定离开那儿，等到一个合适的机会，我一定会走!因为这里不尊重我。

新人在怀揣玻璃心的时代，总会强调一个词，就是"尊重"。其实那些是当你面向社会的时候，留给自己的最后一小块遮羞布，而生活往往会展现它最残酷的一面，将它彻底撕掉。

你终究要学会坦然、赤裸地活着。

放弃自尊也好，委屈妥协也罢，其实这并不是所谓的打击，而是一种磨炼。

因为你要面对的是残酷生活的本身。

它，就是这样，你不让自己强大，就没办法在这个尔虞我诈、竞争惨烈、残酷和温情并存的世界里生活。

扛得住原来你接受不了的，这就是长大。

后来，我在广告公司也遇到过一个实习生有类似的情况。因为她辈分最小、经验最少，所以大家加班的时候很喜欢让她去订餐。直到有一次，她忽然一脸阴郁，眼含泪水地反抗说："我不做!我是来实习的，不是来给你们买盒饭的!凭什么让我做？我不做。"

瞬间，大家都很尴尬。几个同事都诧异地看着她，后来，其中一个同事哈哈干笑了一下说："来来来!今天我请客，大家想吃什么告诉我，我去买……"

第二天，那个实习生没来上班。她决定放弃这里，不再来了。

很多前辈也许会说，订个饭而已！又不是要你请客，而且你还可以借机了解一下每个人的口味，举手之劳嘛！这不是挺好嘛，这就是新人，太矫情了。

我自己因为早年有过这种"屈辱"的经历，所以我深深地理解她的心理活动，但是又觉得她失去这个机会有点儿可惜……

每个人都希望初入职场就能受到善待，被人肯定、被人夸奖、被人教导，但是总会有被骂、被责罚，甚至被冤枉的时候。这些就是生活这个残酷的家伙，拿着小锤一点一点地敲打着你的心，总要把你最脆弱的部分打碎，你才能逐渐学会坚强面对。

有的人很倒霉，他们遇到的是一记重击，之后玻璃心破得粉碎，所以恢复的时间也无比漫长。

有的人很幸运，他们获得的小敲击和赞美是并重的，所以他们往往是边被鼓励，边拔出那些伤害的碎片。

你总要给自己一个破碎再复原的过程。

也许夸奖会让你自信和被肯定，但是，你所有的提高和转变，大多是伴随着失败和屈辱的。

心胸是被委屈撑大的，长大的这条路，委屈是必不可少的调味料。

我在摆自行车的那段日子里，曾无数次地嘟囔着："你觉得你们让一个大学生摆自行车合适吗？你们就是这样尊重人才的吗？"

其实，尊重不是别人给的，是你自己挣来的。

那些尊重不是来自你身后的学历、家长、关系，而是来自你在这里的获得和成绩。

人才是需要价值来体现的，在你还没显示自己价值的时候，你其实就只是一个摆自行车的、订盒饭的。你希望被人重视，那就用行动好好去做！如果你眼下需要这个平台或者看重这个平台，那你只能从最基本的贴票据、订盒饭、买咖啡开始做起……

也许你觉得这些是屈辱，也许你觉得是不尊重，但是如果这些你都忍不了，后面更残酷的人生，你要拿什么来面对呢？

你只能敲碎玻璃心，让自己换个角度去想，熬到那个能体现你实力的机会。等到有一天，大家发现你不但可以订盒饭，还可以提出新的点子，做出完美的执行，拥有一套PPT(演示文稿)美化的法宝，你才能被人肯定和需要。

没人能给你鼓励，你能依赖的只有自己。

用不服输的态度去生活，用委屈撑开长大。

{ 想要成功，就不要害怕失败 }

决定一个人能否做成一件事的因素有很多，能力、耐性，或是否有后盾等。但这些都是在上了路之后才能发挥作用，而大多时候，我们的成功之路，还未掘土就被完工。为什么？因为我们在采取实际行动前，多做了一件事，就是询问做与不做的意见。

男孩喜欢上一个女孩。

可女孩非常优秀，自己没钱没颜，比不上她身边的追求者们，那追不追？他纠结许久，十分痛苦，终于鼓起勇气问哥们的意见。哥们一听，开玩笑说，你这癞蛤蟆，想吃天鹅肉呢！于是吧啦吧啦，分析两人的各种不合适，并提醒他，万一被拒，很丢脸。男孩想，是的，干吗追那么高高在上的女孩？不如选择喜欢自己的，轻轻松松就得到幸福。于是，可能浪漫的爱情，就这样被扼杀了。

有个女孩很胖，想减肥。

她看见一家减肥班广告，学费比较贵，要减到目标体重，至少得花四五千，对于学生而言，是笔大的开销，还要不要报？于是问同学，同学一听，需要花那么多钱，还不一定能减成功，觉得她被报班洗脑了，赶紧打断她，说坚持跑步就可以。女孩一听，是的，跑步也能减肥，干吗花冤枉钱。现在，女孩依然很胖。

反观自己，也曾因他人意见放弃初衷。

高考填报志愿，想学心理学，但这个专业特别冷门。就去向一见识广的同学打听，他分析得出的结论是，难就业，接触负面信息多，自己内向的性格不适合。我一听，好像蛮有道理。虽然放弃挺可惜，但这是我寻求多方意见，再经过自己认真思考决定的。

事实上，这都是一种自我安慰的想法。男孩，不追喜欢的女孩。女孩，不报贵的减肥班。我，不学向往的心理学。我们都认定是自己经过认真思考后做的决定。错，才不是。我们都是在行动之前，就被洗脑了。我们对美好向往的星星之火，在燃成熊熊火焰，能照亮自己的未来之前，就被别人的意见给熄灭了。

如果我们的决定都由自己独立思考后做出的，我们都将不是今天的自己，会比今天的我们更接近完美。

而且，这种解决问题的方法，看似十分符合常识和固有行为模式，但往往蕴藏着诸多不合理和风险。

人们习惯提保守的建议，但成功往往需要冲动。

一个人的成功总经历过许多冒险和冲动。

但人们在给别人建议时，是害怕承担风险的，于是往往会得出一个保守的结果。他们会给你分析许多利弊，而总结常是，"风险挺大的，你自己考虑清楚"。

大多时候，这话一出，我们就开始打退堂鼓了，以为是自己认真思考后的结果，其实不过是双方都害怕冒险罢了。

于是，想做的事，还没开始行动，就被夭折了。

旁人未必能完全理解你，最懂你的只有你自己。

一个人永远无法完全理解另一个人。

喜欢一个人，旁人是不能理解我们有多心动的。他们只能看到两人外在条件的差异，而两人是否相互有好感，是否心灵上很契合，这是没有尝试过谁也不能知晓的。

旁人劝你不花冤枉钱，她们可能是瘦子，她们不能理解胖人的痛苦，也不能猜到你也许是为了男神减肥。

我想学心理学，旁人的劝阻，是有道理的。但他们不理解，我向往心理学的原因，和我为此所做的准备。

这种没营养的问题，你确定别人感兴趣？

或有人质疑，我们做一件事之前，问别人意见，寻求经验不对吗？这自然对，意见肯定要问，但你可以问，"哥们，我要创业了，需要一个技术型人才，你有推荐吗？"而非，"哥们，我想创业了，但分析了下市场，很难做大做强，你说，我要不要做呢？"

为什么别人不愿回答你的问题，因为你的问题本身就是个问题。

在成功之路还未开始前，问别人做还是不做，就像在问，吃鱼可能被卡到，要不要吃？这是一个多无聊的问题。还不如问，怎样不被卡到来得有用。

问别人意见本身就是件有风险的事。

有个男性朋友跟我抱怨，自己暗恋的女生被心机男追走了。

原来，我那朋友也是个犹豫不决的人，喜欢上一个女同学，青春漂亮。但那女孩追的人挺多，他很纠结，就去问室友。室友说，那女孩看着清纯，实际上高中就不是处女了。我那朋友一听，心就死了。

谁料，大二开学，那女生就成了他室友的女友。我朋友差点揍他，他室友却说，追不追是你自己决定的，关我屁事。

当然，生活中的小人没那么多，但你怎么确定，阻止你创业的不是嫉妒你可能成功的事业，阻止你减肥的不是希望你永远当绿叶？

我们需要自己做决定的能力。

退一万步讲，即使别人愿意和你一起承担风险，那人也够理解你，不会烦你，更不会有坏心眼，难道我们不需要自己做决定的能力吗？

我们总强调，要有选择的权利，但为什么遇到事时，习惯去问别人的意见？

人生路漫漫，布满岔路，需要做的选择和决定很多。

工作或考研？出国或留国内？保研或考研，写作或画画？结婚或独身？……很多很多，都是选择题，单选或多选。

问别人，那永远是别人的意见，自己永远没有做决定的能力。只会成为一个遇到事，就手足无措，到处问意见找经验的低能儿。

我们貌似在寻求多方意见，但其实只是害怕一个人承担风险。

一件事，要不要做，往往自己心里早有预设答案，问别人，只是害怕一个人承担做错决定的风险。

每件事都有可能失败的概率。我们肯定不是因那个人一定喜欢我，我才喜欢他。我们也不该因某件事一定能做成才去做。

欲戴王冠，必受其重。想要成功，就不该害怕失败。

人生是自己的，目标和梦想也是自己的，该不该有，要不要做，自己决定，永远不要问别人，后果，也自己承担。

敢于挑战
才能赢

最近，只要我想偷懒，躺在床上睡懒觉，或者打开游戏的界面，沉溺于游戏无法自拔时，我都会认真地叩问自己，你现在做的事，对你而言是不是很简单？是不是很低级？

因为简单和低级，大家都会轻易和乐意去做。但你想要变得更优秀，至少要比现在更优秀，难道只要动动手指，这样简单而低级的行为，就能完成的吗？

当然不是。那既然享受和安乐无法让你变得更加优秀，为何不做点相对于自己而言，比较难点和高级的事情呢？

有人会不解，什么才算是，对自己有些难度和高级的事情？

很简单。你静下心来考虑，什么对你来说，是现在还无法企及，是对你而言相对难熬，而不情愿花费时间去做的。

比如，你英语不是很好，但英语四六级证又不得不去争取，那么，努力花费时间在学习英语上，对你而言就是相对有些难熬的事情。你对自己的身材不满意，那么花费一定的时间和精力去健身减肥，就很高级，你不善于和别人交往，扩大自己的交际圈，走出宅在家里的习惯，对你而言就是一个挑战。诸如此类，等等等等。

就像有的人想去锻炼自己的社交能力，但你性格腼腆羞涩，上不了公众场合，在人多点的地方说话，心里就会不自然的胆颤。你因为性格原因，限制和错失了很多美好的东西，就应该逼着自己多出去走走，和更多的人交往。

尽管这对你而言，有些困难。

而你如果宅在家里，抱着电脑和手机，刷喜欢的泡沫剧或者玩游戏，这个会毫不费力，这个会让你感觉更舒适自在。因为这些都没有技术含量，所以做起来轻而易举，你乐此不疲地一遍遍机械重复，最终在原地停留踏步。最后你成为的那个人，还是那个你讨厌的模样。

我身边有一朋友，姑且叫他L先生，身材稍胖，于是下定决定减肥。

晚上大家躲在宿舍玩游戏，刷剧时，他一个人跑去健身房。每次健身完毕后，再跑去操场上跑上两圈。最后回到宿舍的时候，大汗淋漓，衬衣湿透。有人对他表示不屑，晚上待在宿舍多舒服啊，干吗去受那个罪呢？

当然，朋友L也经常向我们诉苦，说健完身后，第二天腿脚酸痛的不行，但抱怨之后，晚上接着跑去健身房。

而朋友最大的一个习惯，就是见到体重器就往上面蹦。瘦了一斤，就高兴得像取得了一项巨大的成就。几个月下来，L果然如愿以偿地瘦了很多，而他向我们炫耀时，脸上洋溢着笑容，感觉无与伦比的快乐和幸福。

我想，之所以会这么快乐，是因为你投入了精力在上面。就像你精心摘培的果树，终于开花结果。过程无人在意，只有一个人挥汗如雨的默默守护，最后你等到那花朵开放的那一天，你会和所有的汗水握手言和，你会和所有的委屈相处无事。

因为不管过程有多艰险，已经不重要了，你得到了你想要的结果，一切付出都没白费。

而其实我觉得，我们现在还不够优秀，缺点满身，并不可怕，而是你明知道自己的缺点和不足，不是想办法去解决和克服，而是安于现状，原地踏步更可怕。

你羡慕青春偶像剧里的爱情，并且为其中男女主角的爱情深情掉泪，但那爱情毕竟不属于你的。偶尔消遣后，就应该从中走出来，去更广阔的空间看看。

可以入戏，但也不要忘了回头。

因为如今周围充斥着太多虚拟的东西，例如网络，例如游戏，例如和生活背道而驰的泡沫剧。这些和现实存在太大差异，而你终究要活在现实中，而你终究要去和这个社会慢慢磨合。

就像你喜欢沉溺在电视剧中的爱情，但你不去现实中看看，不去勇敢地迈出爱情的第一步，也只能是羡慕别人爱情的份。

当然，对你而言，费尽心思地去追一个喜欢的人，可能遭到拒绝，可能情感失利，它远没有满身轻松地躺在被窝里，拿起手机，上网刷剧来得简单愉快。

但美好的东西，因为珍贵，所以总不是轻易触手可得，需要拼劲全力地去获得。可能过程有点难，可能结果没有你想象中的那般好，但你一定会比原地不前的那个自己，要过得丰富和优秀。

而生活本身，就是一个不断升级打怪的过程，你不打倒他，你可能就会被淘汰，因为现实，就是这么残酷。

而同样，如果你也走上了打怪的道路，但你只想虐虐毫无技术含量的小兵，对大Boss望而却步。你见到他就喊，我去，这么厉害，我解决不了，谁爱打谁打去。

于是你转身离开，继续打毫无技术含量的小兵，并且对此乐此不疲。而你身边的人，吃力拼命地克服一道道难关，获得更多的生命值和经验。

等到多年以后，两人彼此见面，你可能心里暗自惊讶，我去，他现在这么厉害，而我为什么是个low人！

没有什么不公平，相同的时间，你把时间用在了停步不前，别人把时间花在了克服挑战上而已。

而去做一件对你而言相对困难的事情，当你去解决它的时候，你不仅会收获更大的进步和成长，还会感到更加强烈的幸福和满足。

因为你做的这件事情，是比你想象的要高级一些东西，是你花费了时间和精力用心维持的东西，是让你废寝忘食的东西，所以你最后拿到手的，一定是自己最想要的。

没有人想做个Low人，但也没有人心甘情愿地接受折磨和苦痛。但要你在这两者中间选择时，你会怎么办？

我们都会觉得，相比较做个low人，去努力的克服自身的缺点，去努力追求自己喜欢的东西，让自己的人生过得更丰盈，即使深陷困境，即使前途未卜，即使满身伤痕，也要好得多。

我一朋友说，我比较喜欢安稳不变的生活，就像我待在一个地方久了，就不愿轻易去其他的地方。因为一个陌生的环境，所有的一切，都得重新习惯，而且浑身会不自在，这可能是性格使然。

但我总是逼着自己，有时间就多去外面的世界转转，不要总把自己困在一个深井里，尽管买票去一个陌生的地方，会让我不太好过，但正是走出去，也让我看到了不一样的风景。

朋友停顿了一会儿，接着说，那没有什么，比躺在被窝里，睡懒觉，玩手机舒服的多。而我如果那样做，那我就不会有任何改变，而我的人生，也未免太枯燥无味了。没有人愿意，在年纪轻轻的日子里，就过着七八十岁老太太一样的生活。

我对她的说辞表示赞同。

转念又想到，有些事情，不是我们非做不可，是你不去做，就可能会陷入更大的困境。而你顶着难度去上，反而会感觉柳暗花明。

你为了不掉入狭隘的井底，拼劲全力沿着井底朝上爬，是为了能看到更加广阔亮丽的风景，是为了让自己心脏的肌肉，变得更加强硬。

而这就是，尝试着去做，对自己而言，有些难度和高级事情的意义所在。

{ 不挑战一下，你怎么知道其实你可以 }

[1]

我第一次见老三哭，是大三上学期，哭得那叫一个酣畅淋漓，鼻涕全抹在我新买的运动服上。老三就是我们宿舍的老三，当年四个人一间背山面海的宿舍，老三门朝大海，却没有春暖花开，他长久地凝望海的那一边，掐灭了手里的烟，深沉地对我说：哥，你说她在海的那边还好吧？我弹掉手里的烟头，郑重其事地回答他：咱们这个地儿的海对岸好像应该是朝鲜。

老三说的"她"是他的青梅竹马，去了米国，老三家境一般，不能像"她"一样高中毕业直接就走，只能靠自己了。可是，老三的英语实在是太……怎么说呢？在我们学校，当年英语不过120都不好意说自己考的是英语，我们老三67分。老三英语基础之差，学英语抵触情绪之强烈，世所罕见，但是"她"就在海的那一边，还能咋地。

于是，老三开始硬着头皮去学英语。一件事情如果你很喜欢，很擅长，或者很感兴趣，即使再辛苦，也不会很"心苦"，老三这种就属于内外兼修，自虐逆天的修炼套路了。当时已经是大三了，老三开始苦修，半夜我们被尿憋醒，老三在水房的灯底下"午夜凶铃"，早上我们睡眼惺忪，老三早就啃着面包坐在了图书馆里。我们都毕业了，各自找到了不错的工作，老三首考失利，不得不一边兼职打零工，一边继续复习，我们是健身跑步瘦了几十斤，老三是一点儿没运动瘦了30多斤。宿舍几个哥们儿，毕业后不常见，最后一次送老三去北京，我问老三：还行不行啊，人家在那边靠不靠谱啊，还是你就是喜欢上学英语了？老三狠狠掐灭了烟头，满眼悲愤：喜欢英语？我×他先人，我现在是骑虎难下，就得硬着头皮去拼了。

毕业十年聚会，老三没赶回来，在大洋彼岸给我们发了视频，老三和那个"她"，还有他们刚出生的第二个儿子，满脸幸福。我们拿当年的事儿打趣他，老三憨厚地一笑：还是不喜欢英语，而且这儿还有很多需要硬着头皮拼的事儿啊，呵呵。

[2]

我们部门四年前来了个大男孩，家是贵州山区的，估计这些年一路走来，智商、情商全用在读书和考试上了，社会经验什么的基本上是零，在我们这个综合协调部门很被虐。我们部门的工作要和很多内部、外部的部门单位打交道，还要和各类领导和老板打交道，迎来送往的应酬很多，大男孩愣在那里，布满茧子的大手不知放在什么地方好。

这个社会没人会因为你的弱而爱你，更不会因为你的老实就原谅你的错误。那些总是响个不停的电话，那些总是高高在上的领导，那些总是恶语相向的同事，那些总是不知该坐在哪个位置的饭局……总之，大男孩没少躲在角落里哭，但是生活还在继续，他仍在每天被碾压，毫无办法。

我是个没什么上进心的人，很多事儿都是虽然懂，却总提不起兴趣去做，知道对待下属不能失了架子，要恩威并重，但还是觉得那是狗屁，要是个封疆大吏或者富可敌国，你恩威并重也就罢了，咱上班族即使位置稍微高一点，也别装，没意思，所以一直和小伙伴们打得火热。对这个大男孩我真是从心眼儿里同情，人家真心不容易啊，所以就经常和大男孩讲一些工作经验啥的。

大男孩其实悟性奇高，但却一直有个心结，觉得他不是那样八面玲珑圆滑透顶的人，这个部门的工作不适合他，为什么非得去硬着头皮做自己不喜欢、不擅长的事情呢？有一回我带着他在路边烧烤，又特么来这套，当时都有点儿多了，一拳把他从板凳上捶倒，指着他的鼻子：都跟你哥这么长时间了，还特么跟你哥在这儿矫情？谁喜欢迎来送往？谁喜欢加班成狗？谁都在硬着头皮活着，你懂？你还记得你说过的话？你想把山里的爹妈接到这座海边的城市，别跟哥说你又不想费那个事儿了昂！

大男孩堆坐在地上若有所思……

去年，我们大老板换秘书，我没理那些给我打招呼的人，还是推荐了大男孩，半年过去了，大老板非常满意，说这个小伙子脑子灵活，悟性高，协调沟通办法多。

有谁知道大男孩那次之后，是怎样硬着头皮去学那些沟通、协调、应酬、交往……我后来仍然没少瞥见他强忍泪水的眼睛，也没少见他羞愧尴尬的红脸，但再也见过他躲在旮旯里抽噎得像个娘们儿，也没听过他再说什么擅长和远方。上周，大男孩一如既往每月和我去路边撸串儿，满脸真诚端杯敬我：哥，啥都不说了，都在酒里了，你是我一辈子的大哥，我干了，哥随意。

我干了杯中酒，冲大男孩半真半假一拳：臭小子，这一套半真半假，青出于蓝昂！

[3]

看到一些文章说，努力重要，但方向更重要，大致的意思就是要选择自己真正感兴趣和擅长的事情去努力，这样才能事半功倍，这样的努力才是最高效的努力。多么完美的逻辑陷阱啊，就纳了闷儿了，如果按照这个逻辑推导下去，投胎应该比选择更重要了呗？咱都是普普通通老百姓家的孩子，这个社会现在找份儿正儿八经的工作得有多难？在你梦想的城市里站稳脚跟得有多难？谁都想做自己喜欢的擅长的工作，最好还要不是很累，待遇很好，人际关系不复杂，离家也不要太远，咱们是不是自己都觉得附加条件有点儿多啊。

这个世界，没有十全十美，没有免费的午餐，人更是惰性天然，你想要的总是结果，却总拿所谓"自我"逃避过程，最终热衷于各种大神的所谓"方法"，却不知各路大神也是咬牙在和自己较劲，每天都在硬着头皮往前拼啊。

你羡慕人家自驾游，就必须先硬着头皮忍住教练的狮子吼，就必须四点钟爬起来去路考。

你羡慕人家小蛮腰，就必须先硬着头皮咬牙早起跑步，坚持健身，硬着头皮去用各种蔬菜充饥。

你羡慕人家成绩好，就必须先硬着头皮把自己不愿意学不感兴趣学的那个短腿儿的科目补上来。

你羡慕人家工作好，就必须先硬着头皮去完善自己的短板，去让自己成为更为全面的人才。

很多人都为自己找到非常完美的逃避逻辑，什么"人没必要活得这么累啊"，什么"干吗非得跟自己过不去啊"，反正所有需要挑战自己，需要付出汗水泪水的努力，需要硬着头皮做的事儿，都是反人类，反人权的。我不知这样的人结果会如何，但这样的人却对周围的人一定毫无益处，我们不怕无功而返的平凡，我们却怕理直气壮的平庸。

《华严经》里有一句偈："欲做诸佛龙象，先做众生马牛。"

没有人天生愿做牛马，没有人天生愿意舍去安逸，可是，你还要知道，没有人天生就是你羡慕的那个人。你可以选择，但千万别让选择成为你努力的主要途径，多少人的一生就是在这样的选来选去中混过去了。那些你喜欢和擅长的事多半不会让你感受到太大压力，当然也不会让你很"心苦"，你觉得自己越过"牛马"的苦难和忍耐，终于因为自己的"明智"找了一条直接成为"龙象"的康庄大道，却不知世间事、人间情，取之易者毁之易，取之难者毁之难。很多人都是去做了自己所谓喜欢和擅长的事儿后，突然发现自己并不真的那么喜欢和擅长那些事情，于是另一个选择的轮回开始了，人生一世，草木一秋，你要轮回到何时才休？

冰心曾在诗中写道："成功的花，人们只惊羡她现时的明艳。然而当初她的芽儿，浸透了奋斗的泪泉。"

当下就去勇敢地挑战自己吧，因为那些硬着头皮去做的事儿，终将让你长进。

{不给自己妥协的理由}

[1]

最近，我的又一个好哥们大军，跟我聊了一些关于"选择"的话题。事情这样的，他所在的银行最近技术岗位有个机会，他想去试试，但是他已经做了两年业务了，一方面，技术荒废了不少，另一方面，他又不想把做业务积累的资源就这样白白的抛弃。所以，他感觉很困扰也很迷茫，最近心神不宁的，不知道怎么选才好。

记不清在哪里看到过这样一句话：人只有在还有的选的情况下，才会感觉困惑和迷茫，如果只有一个选择，只能硬着头皮去做，反而没那么纠结。

清华大学副校长施一公曾说过："有些人在遇到困惑和迷茫的时候，总是认为我要先把迷茫解决、把所有问题想清楚了才能走下一步，这样我很不认可。我认可一点：不要给自己理由！当你觉得兴趣不足、没有坚定信心、家里出了事情、需要克服心理阴影、面对痛苦往前走的时候，不论家庭、个人生活、兴趣爱好等方面出现什么状况，你应该全力以赴，应该处理好自己的生活，往前走。不要给自己理由。因为你一旦掉队了以后，你的心态会改变，很难把心态纠正过来。"

所以，与其陷入犹豫和徘徊中，还不如果断的做出决定，然后去尝试。于是，我跟大军说，当你迷茫了，不知道该如何选择时，就选择难走的那条路吧。

[2]

我相信，好多人都经历过这种迷茫的时候。我们的迷茫可以分为两类：一是完全没有方向，是真正的迷失；二是站在十字路口，不知道如何选择。

如果你的迷茫是第一种，那是因为缺乏目标和理想，我在前面几篇文章里已经谈了很多，这里不再赘述。这种迷茫根本还没有涉及所谓的难和易，在这种情况下，你应该停下来好好思考下自己想要追求什么，找准自己的方向，然后去努力、去实现。

如果你的迷茫是第二种，那是向左走还是向右走的问题。其实，没有人知道哪条路会更容易，或者哪个选择将来会更好。人们总是想做出那些对自己有利、有益的选择，但究竟什么是最好的选择呢？没有人能打包票，只能将来再回头来看。

但是，人都是有趋利避害的倾向，好多人为了逃避眼前短期的痛苦，而陷入以后的长期痛苦中，也有的人为了眼前的一点利益而牺牲了长期的利益。就像电影《闻香识女人》里阿尔·帕西诺说的："我知道什么是正确的，在人生的每一步，我都知道；但每一次我都走向了反面，为什么？因为太苦了。"是的，人生都是苦的，但面对困难和问题时，总是要去解决的，选择无非两个，或者现在就去面对它，或者暂时逃避，但是以后还是要去解决。而敢于选择难的那条路不但是勇气的表现，也是理智的权衡。

生活都是你自己的选择和你努力的结果，如果你选择了容易的那条路，那么你也只配拥有目前你所拥有的生活和一切，因为你连苦都不想吃，还有什么可以抱怨的呢？

[3]

跟大军聊天的过程中，我也回想起了读书这么多年来，那些我面临选择的时刻。现在回头去看，我都很庆幸每次面对选择的时候，自己没有选择那条容易的路。

第一次面临选择是高中择校的时候。

当时好多人都是选择镇上的一所高中，因为离家近的，家长说这样安逸一点，能住家里，即使住校也可以经常回家，这样就可以充分享受来自家庭的照顾。但是，我没有，我选择了市里的一所私立学校，因为我的心渴望着更宽广的天地，我想体验更广阔的舞台。我一直信奉"读万卷书，行万里路"这句话，大丈夫四海为家，如果一直沉溺于眼前的一点安逸与舒服，你怎么可能走得更远呢？

第二次面临选择是在高考失利之后。

第一次高考，我考得并不理想，成绩只够二本，用失误都无法解释，可能是心态的问题。好多人都安慰我说你只是失误，也努力过了，可能是运气不好，或者这就是命吧，认命吧。亲戚和朋友也说，要不就将就吧，读一所普通的二本，到了大学再努力好了。也有一些考得不理想的同学说，高三那么苦，我才不想重新再来一遍，大学多好啊，不用早起不用上晚自习，我们还是早点去享受大学的美好生活吧！

但是，我当时坚定地选择了复读，一是对自己实力的自信，二是我不愿意将就，更不愿意认命。于是，当身边的好多同学都在享受大学的美好时，我却在朝五晚十二的学习，那一年到底有多辛苦，内心有多孤独，复读过的人应该会懂得。但是我没有抱怨过，也没有后悔过。正是这份坚定，让我考出了比较理想的分数，也是这种不愿意将就，让我来到了NK大学。

第三次面临选择是大学毕业的时候。

大三的时候，大家都面临读研、工作、出国、考研等等的选择困扰。对于保研和考研，好多同学都选择了留在本校，因为本校待了四年，生活各方面比较熟悉，而且认识的同学和朋友也多，朋友圈子比较舒适。也有很少的一部分人选择了去工作，当时，有一个找工作的同学跟我说，考研干吗啊，还不如直接找工作得了，辛辛苦苦准备一年，累死累活的，也有可能考不上，到时候还是要去找工作。但是，这些我没有听，我坚定地选择了考研，因为我知道我的未来不在这里，我的心想要去"草长莺飞、落英缤纷"的江南。

所以，最开始准备考研的时候，全班几乎只有我一个人，从搜集资料开始，到背书啃题目，夏天汗流浃背，冬天冻的要死，那一年的辛苦和孤独，只有自己知道，但是我坚持了下来。当我研究生来到了ZD，我发现这一切付出都是值得的，我喜欢杭州这个城市，喜欢西湖边的环境，喜欢这个古朴的学校，大学四年，我的心都从来没有那么自由和开心过。后来，我还在ZD遇到了我的女朋友，现在她已经成为了我的妻子，我们的宝宝也已经六个月大了。

[4]

有时候，我也会想，如果我高中选择了家门口的高中，如果高考失利我没有选择复读，如果本科毕业我就选择了工作，那么我现在会在哪里呢？生活充满了偶然和未知，人生也经不起假设。面对任何一个选择的时候，我如果选择了容易的那个，我都不可能成为今天的我，也不可能过着现在的生活。

我并不是在"炫耀"自己吃过多少苦，也没有说学历多么的重要，但是那些年求学过程的选择，却是让我不断地在提升自己的眼界和能力。当然，我更没有说我现在比很多人活得好，有一些初中就辍学的同学，抓住房地产那一波的机会，如今身家已经千万了，也有一些高中毕业就出来工作的同学，抓住了淘宝和网上购物的发展机会，现在也很有钱，过得比我舒服多了。但我没有不忿，也没有太多的羡慕，因为我知道，生活都是自己选择和创造的，而且我知道自己曾经努力过，所以我的内心是平和的。

正是不怕吃苦、不服输的性格、不安分的心，支撑我走到了今天，虽然目前的工作和生活状态并不是我理想中的，但是我知道自己一直在努力，一直在路上。

就像王小波在《青铜时代》说的："永不妥协就是拒绝命运的安排，直到它回心转意，拿出我能接受的东西来"，就像汪峰在《勇敢的心》里唱的那样，凭借着一颗永不哭泣，勇敢的心。

所以，每当你面临选择的时候，不要犹豫徘徊；权衡的时候，也不要怕吃苦；选完了之后，更不要去后悔。就像找工作这件事，你可以选择朝九晚五的工作，也可以选择挑战性的工作，只要你喜欢和认可这份工作，并能投入激情和努力，而且内心感到满足，就没有什么不好，最怕的就是，一切都是你自己选择的，最后却还在抱怨。

王小波还有一句话我非常喜欢，用在这里也非常合适："人在年轻时，最头疼的一件事就是决定自己这一生要做什么。总而言之，干什么都是好的，但要干出个样子来，这才是人的价值和尊严所在。"

但是，我还是想说，当你面前有两条路，不知道该如何选择的时候，选难走的那一条。这些年，我也有一些时候选择了容易的那条，虽然不多，但是每一次我都后悔了。

{ 之所以努力，
是想要活得自由一点 }

身边有一个身材娇小打扮入时、举止得体生活精致的女生，是隔壁部门的主管。我们都叫她小A，样样都是优异的A。

她的英文名字叫Ada，带着黑框眼镜，即便是不施粉黛，也能看出出门前精心修饰的发型与嘴唇上永远润泽的颜色。她很努力，每天前三个到办公室，给桌上的绿萝浇水，整理前一天加班散落的文件，即便是主管，她仍然每天替身边的同事擦一擦桌子，扶好倒下的水杯并打开电脑，一天的工作，就从清晨开始。

她很努力，每天精力旺盛，以一敌百，在办公室与上司据理力争，在同侪面前是个拼命三郎，在下属面前关怀备至，即便是加班加点，她也从来都是最早一个上班，最晚一个下班。我们常常在茶水间遇到，点头之余，也会闲聊几句。

昨日下午，我在茶水间打完业务电话，乘着屋外阳光灿烂，想要调整一下糟糕的心绪，再进入到工作状态。她站在我身后，手里递过来冒着热气的牛奶，"喝一点吧，心情会好点。"

"谢谢。"我接过她手里的牛奶，与她一起坐下来。

"你怎么可以每天都这么精神奕奕？好像停不下来的小马达，充满动力。"我笑着问她。

"哪有你说得那么好。我有时候也会像你刚才那样啊，站在那里，一个人出神，收拾一下心情，准备下一次冲锋。"她爽朗地笑着，一点都不为我冒昧的一问而感到尴尬。

"其实，作为女生在职场里，有时候真的很有挫败感。上司苛责，同事冷眼，还有那无休止的加班，客户的责骂，家人的不理解。"说到家人的不理解，她的眼神黯了下来。

"很多时候，我们这么努力，不是为了去证明什么，而是想要活得自由一点。"她站起来，拿着杯子笑着走开。

想不明白的我，坐了一会儿，也站起来开始重新投入工作，只是那句话：很多时候，我们这么努力，不是为了去证明什么，而是想要活得自由一点，常常会不经意间冒出来。而我也发现，在之后的日子里，不论我遇到什么事情，恼怒、焦躁一起向我袭来的时候，我就不自觉地朝她所在的角落看去，她依然那么淡然，气定神闲，于是我深呼一口气，告诉自己也可以如她一样。

之后的第二周，部门活动聚餐，大家在KTV唱歌至深夜12点，啤酒瓶散落一地，每个人脸上都带着月底加班后解脱的兴奋，在灯光下变换着不同的颜色。唯独她坐在角落边，看着大家笑闹，偶尔插播一两句，总能恰中要害，画龙点睛。我去厕所吐完出来，她站在门外，递给我一张纸，说："尽力就好了。不用逢迎，下班了，做回自己就好啦。"

然后，我又跑回厕所一顿狂吐，隐约记着，她说，不要逢迎，原来是看出最后不能喝的我，还被上司猛灌，知道我力有不逮。深夜，我们一群人站在马路上打车，一辆跑车停在A的面前，隔得太远，加之又不清醒，只隐约看到A不太情愿，车里的人努力想要她坐上车，最终A拦了一辆出租车，绝尘而去。

第二天，中午吃饭的时候，听到部门小八卦说，小A昨天为什么没有上那个高富帅的车？一直听说追她的人都家境超好，果然名不虚传。另一个说，A好像家境一般呀，这么好的机会，何必要自己这么辛苦地起早贪黑，拼命干活儿？干了几年还只是当个主管，一个月工资还不如买几个包哪。

说完一脸的不理解。另一个又接上话：谁知道昨天晚上是不是玩欲擒故纵的戏码。

"哼，我可不信，那些名贵的包，是她舍得买的。"

她们毫不顾忌旁边一脸讶然的扒饭的我，一边说一边笑着，绝尘而去。

下午，中场休息的时候，我又在茶水间里遇到了A，她的黑眼圈连粉底都挡不住，双眼无神，看着杯子里的花茶，连水溅出来，都没看到。

"小心烫。"我轻轻摇了一下她。她回我一个感谢的笑脸。

"你也听到什么了吗？你也应该听到了。公司不大，小道消息才传得最快。"我看着她，不置可否。应该中午坐在附近吃饭的她，也听到了不少闲言碎语。只是作为高冷的她，怎么会去跟她们计较？

"作为女生，立足职场本已不易，却还要因为自己的努力饱受别人非议。"她幽幽叹了一口气。

与她聊天，才知道，她身上每一件衣服、每一个饰品、每一个搭配，都是她通过自己的辛苦努力获得的，她只是希望自己看起来精神，所以她会去学习如何穿搭，她只是希望自己在见客户的时候，不会出现身份上的不对等，所以她攒钱三个月，买了一个包，更多的时候，她不选择去走捷径，而是通过自己的双手去获得，业余时间给人拍照，写稿或者去当平模，只是为了让自己的内心更丰富一点，而不是一周五天的工作狂。

她也有人追，可是她没有把对方作为自己成功的跳板，而是选择自己适合并心仪的对象。她的目标很简单：认真地对待工作和生活，希望每一份获得都是自己努力而得来，追求生活品质并没有错，光明正大地赚钱花钱，却成为了别人眼中，莫名其妙的虚荣和欲擒故纵的戏码，让她听到这些说辞的时候，不禁为这些无聊的同事们感到悲哀，自己内心却也感到孤独。

她说，直到遇到了我，仿佛看到了年轻时候的自己，那么拼命想要证明自己，埋头苦干，内心茫然。其实，只有自己知道，我们不选择走捷径，只是因为，不想要被人说三道四，只是想要说，自己的努力，不是为了钓金龟婿或者一步登天，更多只是想要让自己活得充实而有意义。

花了三年时间，当上主管，这只是职业生涯初期，她给自己定的目标，很多新来的员工背地里也常常议论，小A是总监最得力的助手，因为她长得漂亮，是不是也得到更多倚重。起初，我也有这种想法，因为她给人柔弱的感觉，颜值高，又得到高层器重，却不知她背后是花了别人几倍的努力，在深夜里写文件，一个人出差拓展市场，一个人与供应商周旋，将公司一次次从险境里面拉出。她也从不解释，她说，解释是无能的人做的事情，我用事实证明过的东西，用不着解释。

她的确用身体力行的业绩，让大家刮目相看。年底表彰大会，她以领先第二名200多万的业绩，获得年度最佳。我在人群里，为她高兴，领奖台上，她熠熠生辉，那句：解释是无能的人做的事情，我用事实证明过的东西，用不着解释。在此刻得到完美的解答。

很多时候，我们会把自己的放入一个弱势的地位，觉得女生可以利用自己的优势获得捷径，然而，人生最奇妙的地方就在于，她的公平与无私。如果我们在前一段路途中就预支了幸福，后面一段，必定痛苦，如果我们在最开始就心怀感恩，冒雨前行，最终后半段的路途也会变得通达又平稳。姑娘们，若一心只想着走捷径，那就真的满心以为，别人也是靠着捷径去成功，自己一心想着虚荣，那也必定认为，她人的目的，也不仅仅是为了证明自己，而是目的不纯，心怀叵测。

每个人的内心都是一面镜子，折射着自己的灵魂。有那么一群姑娘，每天工作忙碌，生活充实，去健身，去野营，去学画，去读书，并不是为了找一个更高水准的老公或者嫁入可以让自己少奋斗十年的家族，而是让自己在这个过程中有所收获，让自己越来越有涵养，在未来的日子里，面对那些似是而非的指责，能够一笑而过，这种气质，不是每天揣测被人心怀不轨的心胸可以比拟的，这种风度，也不是每天盯着肥皂剧和小鲜肉可以获得的，只有自己沉淀并努力，才能获得别人眼中那毫不费力的精致生活，也才能让自己每一天都从容而淡定。

她常常跟朋友说，我的目标很简单啊，我就想着，到我老了的时候，成为一个幽默、善良、有点小见识、充满生活热情的小老太太，关于那些是否可以让我物质丰腴的东西，并不重要，重要的是心，是不是还有一角是纯净而美好的。

她就是那个姑娘，她的努力，与虚荣无关。

第六章

向别人推销
展示你自己

{ 带着生命力，恣意地活在当下 }

[1]

热气腾腾，像是冬天掌心呵出的气，温暖得水汽淋漓。记得第一次和淘淘聊天，就是在那样一个白茫茫的冬季。

那时美东正逢暴雪，学校三天两头封校暂停课程，课虽然停了，如山的作业还在。我们不约而同来到图书馆二楼，要知道，如果每天同一个女生一直坐在你旁边的位置，你总会印象深刻。我们从陌生到熟悉，她大三，我研二，我们在密闭的小空间里晒着太阳聊剧偶尔偷吃点零食，她的书包像个百宝箱，里面都有不同种类和颜色的小零食。后来越接触越发现，淘淘是个自带感染力的人，哪怕简单的相邻座位坐下各自忙功课，也会感到惬意而饶有动力。

一直觉得有些人，认识就好，没有必要深交，多少表面丰沃的土壤其实贫瘠一片，开不出保加利亚玫瑰。可对我而言，她是个热气腾腾生活的人，我喜欢这样的人。

她当时有个小愿望，就是开个校友会平台，为学校里的华人学生分享有价值的信息，小到学校附近的超市和餐馆分布，大到美国有关留学生的每项政策影响，更别提一些学校活动和就业信息。这件事说得容易，做起来要遇到多少阻碍，可想而知。可她每次都是热情百倍又细致地去做每一件小事，用心去宣传，仔细聆听高年级的意见，然后第一时间采用修改。在我印象里，她一直是风风火火，肆意又亲切，只要她在身边，连空气都是雀跃的。

记得有一次，她自己组织了一次美食小分队，主打周末纽约美食风，从人员安排、餐馆选择、停车费预算、路线设计、酒店到备选方案意义列出，将平淡无常的假期安排得灵活踏实有效率。生活中她也是个激情派，记得有次她说突然想喝辣豆腐汤，便开车带着我为了一碗辣豆腐汤远赴一小时车程的韩国超市，买到后心满意足地继续回图书馆，那不是豆腐汤，而是热辣滚烫的生活。

庸碌生活中，人们太容易自我保护，情感的浓度高一点才不易被稀释与淡忘。这样看来，与热气腾腾生活的人交往，也是为了保住熙来攘往中的一份温情。

[2]

两年前的寒假，我接到了一个向往已久的面试通知，去纽约来回坐大巴要四个小时，我一大早就拿着大号手提包在寒风中出发，里面装着高跟鞋、电脑和一堆资料。

一个小时的单面后，还有一个半小时的参观公司相关项目，忙完已经中午12点半，我当时疏忽，没带太多现金，饥肠辘辘，北风一吹，裹紧自己的大衣艰难地走过了纽约20多条街。

突然，我路过了一个热狗摊儿，本来我对汉堡热狗之类高热量的食品都很排斥，可饥寒交迫时闻到那种味道实在美妙，整个人不由自主地被吸过去，没有一点抵抗力。

我默默地开始在摊儿前掏零钱，以最快速度数了三遍还是差1刀多。虽然带了银行卡，可既然看到了热狗，心里就再也不想去旁边的咖啡店刷卡买蛋糕或甜食了。摊主熟练地为其他客人搭配着食物，自然没有注意到我。这时，一个同样在排热狗的老爷爷仿佛看懂了我的尴尬和窘迫，在他点完搭配后和善地朝我笑着说："你要吃哪种？我来买给你吧。"

我很难忘记那时他看似平常却暖心的笑容，颤颤地回了一声，然后连连说谢谢。

居然有陌生人为你的热狗埋单，这是我在这个钢筋水泥的森林感受到的最大的温情。从此，每当身边的朋友吐槽那里地铁的陈旧拥挤和路上拥堵喧闹时，我都在心里说，并不是的，这座城市其实很温暖，至少我在那天曾被它温柔相待。

热气腾腾，这样看来，不仅是种生活状态，也是种人性选择。

现在很多时候，每次看到地铁口卖艺乞讨的人，我都会停下来，听一分钟，再慢慢放下点自己的零钱，而后安静走开。比起那些直接倒地乞讨或者当街拉住你要路费的人，他们的努力更该被珍视。谁都有颠沛流离的瞬间，既然遇到，就别让你本有的热情被城市淹没。

[3]

大学读中文系时，毕业论文写的是史铁生的作品。其实，好的文学作品与生活一样，是有气味儿的。那种气味，来源于生命最初与最后的坚持。

在他的笔下，有仿膳香喷喷的豌豆黄，空气中都是阳光和植物的芳香，太阳晒热的花草香，奶奶庭院里草茉莉和各种小喇叭跳跃着自己的生机盎然。她们化成了一种生命力，包围着，充满着，她们没有消失，而是转化成一种看不到摸不着的存在，随他去天涯海角。

热气腾腾，也是我在他身上深切感受到的生命能量。在最美好的年华里双腿残疾，是怎样一种打击，旁人很难感同身受，可他将这纷繁杂陈的人间气味牢牢记下，终在这些充盈着气味的记忆中突破困境，找到生命的出路。

他曾写："必有一天，我会听见喊我回去。太阳，它每时每刻都是夕阳也都是旭日，当它熄灭着走下山区收紧苍凉残照之际，正是它在另一面燃烧着爬上山巅布散热烈朝晖之时。"如果热气腾腾生活过，便会不向死而生，再也无所畏惧。因为人世悠远，天道永恒，生既尽欢，死亦何惧?

就这样，我看着他的文章，感受着冬天深夜的凛冽空气，月光之下的夜雾，冒着热气的混沌摊儿，看着一缕一缕白色的烟雾缓缓上升，方知人生嘈杂喧哗，值得度过。

[4]

最近，我认识了两个好朋友——大纯和么么。

她们都是不久前一个人离开自己所在的城市来北京打拼，每天起早贪黑，晚上加完班回家后还在出租屋坚持着自己的写作小梦想。

么么说她想来北京是一时兴起，当时一个人来签一本书的合同，瞬间就喜欢上了这个烟火嚣盛的城市。回家后没几天就决定趁年轻来这里打拼一下，于是以最快速度找到了北京的工作，说服了父母，买好了机票，一切顺理成章又行动力惊人。

大纯前不久和男朋友分手了，说异地那么久还是选择了不同的路，就各自安好吧。毕竟，并不是所有人都会陪你走完你所希望的路程，他们更多的只是陪你一段，然后告诉你要离开。可因为他对你曾经真诚过，你还要笑着与他告别，再含泪转身。

不久前，看么么推送了篇文章，叫《我要画满手的少女梦想》。她拿到了工资，去做了次自己喜欢的美甲，看着一小时后自己的指甲变得色彩斑斓，仿佛生活也像被施了魔法，既甜美又可爱，那种跃然纸上的开心特别有感染力，实在让人感动。

关于生活，在哪里从来不是一件重要的事，重要的是你以何种姿态去生活。作为女生，我们都希望能被这个世界温柔相待，但是，在它有时不那么温柔的时候，你是否也能对它温柔一下呢？绵延的城市什么都有，唯独没有尽头，很多时候你一个人走在街上，看着这座梦想中的城市华灯初上，万家灯火却没有一盏为你点亮时，你是否依然有勇气点亮自己的内心呢？热气腾腾生活的人，不管在哪里，都会懂得寻觅和挖掘它的小美好，而不是一味在压抑中抱怨。我一直相信，这样的人终会迎来满树花开。

我很喜欢幺幺和大纯这样的姑娘，因为她们敢于选择，也敢于承担。这年头，活出你的生命力与执行力，从来都是项可贵的品质。年轻时如果事事非要想清楚了再行动，可能很多事情根本无法实现。人都是这样，从象牙塔到烟火人间，不惧怕成长，只愿在成长中一直保持一颗热闹而明亮的心。

所以，做个热气腾腾生活的人吧，只要有生命力，便存在着某种永恒，从而恣意地活在当下。

生活在于你，是做好还是做坏

[无法预知未来，但可以活在当下]

昨天一个持有三级咨询师证的亲问我，考到二级咨询师证会有练手的机会吗？

我不确定对方问这个问题的想法，但我更想给对方另一个问题：如果不确定是否有练手的机会，你会去学习准备且永不放弃吗？

这两个问题最大的区别在于：前一个问题是以外界的可能性来决定自己的行动，后一个问题是用自己的行动去捕捉机会。

最近一年，我在新结识的一些朋友和个案身上看到了很多不可思议的变化，不管他们以前怎样，在他们真正实现自己的想要的成功之前，他们的思维首先已经成功转化为后一个角度去思考问题。

大多数人都喜欢告诉自己：如果我成功了，如果我有钱了，如果我知道确定的答案，我的生活该是另一番样子。如果我们生活的丰盛必须在实现这些期待后再开始，那没有实现梦想的日子该有多憋屈。

实际上，我们生活的呈现，不在于拥有多少资源，而取决于我们对待生活的态度。

当我们内心匮乏时，看什么都不够好；当我们活在不踏实里时，任何风吹草动都会误以为草木皆兵。

说到底，当我们努力用外在的充实或一个未来的想象填满自己时，经常会忽略了这辈子最应该关注的只有自己。自己变得敞亮了，生活才会上一个更高的台阶，看到更美好的风景。

[不要忽略持续做一件事的力量]

叙事治疗师周志建说：如果现实给我一面墙，我就选择穿墙而过。

我7年前开始做心理咨询时，练手的机会几乎没有，边工作边抽时间每天钻研两个个案。后来我有一段时间觉得自己阅读量不够，开始每天看一本书，是那种有些不太好懂的专业书。

再一个个累积个案，通过这些个案的信任推荐，个案量才逐渐上升起来。后来最多每天排6个个案，再到后来的每天写一篇文章。这些走过的路，一点点在我的身后延续，也让自己随着这些轨迹走到以前看不到的地方。

我之所以能在什么都看不到的时候，没有选择放弃，是因为有前辈告诉我：不要担心没有人选择你，当你的能力能接住个案时，一切属于你的机会都会接踵而至。所以，这7年来，在最艰难的时候，我也没有特别考虑未来，只是沉下来一天天地努力。

这个过程其实不太容易，因为刚开始没有收入，没有人看着自己时，会很容易放弃坚持。从短时间看，坚持没有什么意义，可是当你成年累月地不放弃，就会带来质的变化，这就是坚持的力量。

最重要的不是我们做过什么，而是我们在持续做什么。哪怕每天只是听10分钟音乐，或者慢走半个小时，或者观赏一部电影，坚持一年都会有意想不到的收获。当你尽可能去专注投入时，最终连自己都会惊讶自己为什么会走那么远。

　　我以前常听人说坚持21天就可以养成一个习惯，那时候一直觉得挺难的。后来听过一个分享，真正的坚持的打怪升级是以10的N次方算的，依次往后推就是10天、100天、1000天、10000天，折算一下就是1个星期、1个月、3年、30年。

　　这是真正把一件事情做到极致的通道，当你真正去把做一件事情的时间拉长时，就不再觉得每天做一件事情是痛苦的，也不再急躁地想一口气折腾出个模样来。

　　就拿写文章来说吧！我一直承认自己不是一个好作者，因为我并不追求文辞、结构有多完美。最初开始写，是因为我希望做一件事情：通过自己的分享，可以帮助一部分人。

　　就一直陆续地写着，然后今年年初开始写一些优秀的书籍推荐，再后来有固定要求自己写稿发心理平台，再后来陆续有媒体和公众号跟我约稿。

　　再后来六月份开始尝试日更。虽然到现在也不成功，但通过坚持写，公众号从年初的1000人积累到了现在的7000人，我写一篇文章的速度也提升了3倍，也把我年初制定的全年小目标刷新了5次。

　　我承认自己很幸运，因为一路都在遇见支持帮助自己的人。坚持不仅在我的身上起作用，这一年来我也从一些持续咨询的个案身上，看到了脱胎换骨的变化。那些我们互动中产生的新体验和新经验，已经伴随着他们去直面眼前的挑战，站上了人生新的起点，吸引生活中想要的人和事到来。

[当你每进一步，生活就会多给你一条路]

　　我人生的最开始，只想要一个有更自由的职位。为了完成自己的职业技能提升，我去学习人力资源管理，遇见了我人生的第一个心理学启蒙老师。

后来，当内心要做这个职业的声音越来越强烈时，我才突然想起我15岁时告诉过别人自己长大想当一名心理咨询师。

再后来，在完成对自己梦想追寻的路上，我阴差阳错地成了一名自由职业者，过上一种完全找不着北的颓废生活。

到现在又因为内心新的追求，又回到了每天按部就班的工作。只是这一种按部就班，已经跟以前的公司上班有很大不同。

这些年，我从自己人生经验里学到，当你敢于走上一条路时，无论如何都会有收获。

如果不是当时迈出提升自我的第一步，我可能不会走到今天这一步。这样的经历曲折却有连接，这就是命运神奇的地方。当很多人问我不确定的问题时，我总会支持他们去尝试，因为几乎所有的收获都是来自我们敢于去做的每一次尝试。

当别人把目标放在等待机会时，我们的努力成长就是在制造机会。好比如果我们是一个猎人，我们就不会问今天有没有猎物再出门，而是每天子弹上膛，牵着猎狗出发就好了。

[莫问前程凶吉，但求落幕无悔]

还记得最初看《武媚娘传奇》，行之将木的魏征对武媚娘说：莫问前程凶吉，但求落幕无悔！这句话给我至今留下了极深的印象，这是我钦佩的大将风范，也适合每一位真正想活出自我的普通人！

这意味着：当你内心真想做一件事时，不问结果可能会如何，不问未来将走向何方，只为了不辜负这一刻我们对自己的期许。

许多人毕生都在追求对未来确定的感觉，希望通过他人、职业、金钱带给自己更多的安全感，可是却一直生活在匮乏当中。

当每一次我面临不确定的变化时，我总喜欢问自己：内在安全和外在安全，你要哪一个？真正的内在安全感，是不管外界发生怎样的变化，永远不会放弃对自己的支持、信任和鼓励，以及对未知美好生活的向往。

当然，也有可能，不管我们怎么努力，还是觉得不如别人，还是没有想象中的好。其实，如果你是一个以别人为参照物的人，当你真正坚持往前走时，过不了多久，你就会发现能让你再内心忐忑不安的人已经很少了。

面对这个未知的世界，变化是危险的，不变也是危险的，因为我们不知道我们一直固守的位置，是否正有一枚大炮已经瞄准了我们正准备发射，这促使我们终身都走在尝试或者转型的路上。

这些年的成长带给我最大收获是：我不再惧怕变化，不再担心某一天会一无所有，也不再在意别人的眼光，不再随意把别人列为参照的对象，也极少有人能左右或者伤害到我。

所有外界的呈现，都源自于我们内心的投射。也就是我们遇见的一切，都是自己做出来的！只是看你把生活做好，还是做坏！

先整理好自己，再去见人、爱人和做事，就变得极其简单！

{我才不做你想象中那个不堪一击的自己}

[1]

那是我背井离乡的第一年，家乡已经把夏天过腻了，我却一个人在南半球强撑着活过一个寒冬。

我在一个小小的咖啡馆里端盘子，全靠这份工作为下个学期的学费攒资本，经常熬夜写作业的虚弱睡眠和高强度的工作量，让我的记忆力有些吃不消。

有一次为客人点餐时，我在点单那张纸上把"炒蛋"错写成"煎蛋"，结果把食物端出去时，就遭来顾客投诉。一直在背后紧盯我的老板娘瞬间暴跳如雷，这让我整个下午的耳边都充斥着反复的责备："你怎么这么不小心呢？！害我损失客人，你知道这是少赚多少钱吗？你拿什么赔给我？！"

她的声音是如此尖利，不带丝毫仁慈，我不住地道歉，心里却抗议着："我已经和客人道过歉了啊！""我每天不是都早来十分钟吗？！""我的手上因为去厨房帮忙还被切伤一道呢！"

可这些委屈就被理智紧紧地卡在喉咙里，任何毫无思考就脱口而出的话，都能让我马上失去这工作。她给了我一个"赶快走开"的手势，于是我钻进厨房里，背对着她，装作去水池里洗碗，眼泪啪嗒啪嗒掉进满是泡沫的污水里。

我那因为工作，在右手小指切下的刀伤还没来得及痊愈，隐隐的痛令我觉得，全世界都在以最恶劣的方式欺负着我。

那一年，我就这样被大大小小的歧视重压着，每走两步就会遇见谁的"瞧不起"。我从不后悔自己一个人出来闯荡的选择，可我憎恶冷冰冰的陌生人。

咖啡馆老板娘每一刻都能被触动的暴躁神经，自大的客人一副目中无人的模样，某个科目的老师说出"你期末成绩得B就不错"的预期，一起租房的男孩子看不惯我很晚才回家，一副"没有钱就回国啊"的傲慢态度，就连那个麦当劳的17岁服务生，都皱着眉头地递给我可乐，好像我磕磕绊绊的英文，不配在这里寻一处落脚地。

我像一只被巨浪推上岸的鱼，身后是在海里自由穿梭的同类们，可命运却偏偏把我丢在沙滩上搁浅着，这是一片多么灿烂的海岸啊，远处就有此生未遇的美妙风景，可我却大张着嘴巴，虚弱地发不出半点声音。

我没能总结出什么可以安慰自己的道理，自从远离家乡就懂得，再艰难也要保持坚强，因为没有人会帮你擦眼泪。

我是个一无所有的姑娘，穷得只剩下自尊心，那些敏感的情绪无时无刻不在身体里发作着，我多少次在心底暗暗地发着誓，我要自己有一天，可以用优秀于现在百倍的姿态，重新站在那些"瞧不起"我的人面前，向所有人证明，我不是应该被瞧不起的那个人。

这样的心态，说来有点不健康，但是却让我在很长的一段日子里充满了斗志，不管谁觉得"你从来不优秀"，或者"你以后也不会优秀下去"，这都成为了我人生的刺激疗法。

那几年我有多么拼命啊，连朋友都觉得我努力到变态的程度，但是人生，必须有一个自己的活法。

我拼命地读书，让那个说我"期末成绩得B就不错"的老师预测落了空；我拼命地赚钱，在富有男孩子的面前为自己那份饭埋单；我拼命地学习，练习驾车增强英文，证明给别人看一个女孩子独立起来也可以做那么多的事；我拼命地成长，不管是看书、写字、做运动，渐渐可以在那些觉得我此生注定平凡的人面前，抬起胸膛走路……

这些拼命，都让我成为了一个优秀版本的自己，也让我从别人开始转变的目光中知道，优秀就能赢来尊重，优秀就能给自己一个发言权，这是我深刻体悟到的人生道理。

[2]

如果观察身边突然间奋起的朋友，我们大概会发现，有很多努力并不是自发的，而是来源于一种伤害。

我的女性朋友因为老板一直以来的性别歧视而感到愤慨，提起老板一副咬牙切齿的模样，于是一心扑在工作上，发誓自己有一天一定要翻身做老板；

身边也有因为肥胖或相貌平凡，突然被恋人抛弃的好女孩，看着前任仰着鼻孔看自己的模样，决心在失恋后的日子里用全部精力提升自己，发誓要修炼成一个内外美丽的女人；

还有一些在城市中挣扎的年轻人，被黑心房东不停上涨的房租和居高临下的态度烦忧着，于是加班加点努力赚钱，发誓要在这个城市里赚得属于自己的一平方米接着一平方米……

走进残酷的社会才知道，天生弱者的女孩子，不努力就没有优秀的机会，不优秀也就失去了被尊重的机会。

如果你是一个女孩子，同我一样平凡却甘愿乘风奋斗，我相信你的人生中也遇见过这样的时刻，明明怀着一颗善良的心拼命努力着，却无时无刻不在被忽视着。你在内心深处无比需要被认同，却偏偏遇见了嘲讽，你渴望被重视，却偏偏遭到了白眼，你期望自己的才能可以去改变一些什么，却偏偏有人告诉你"你不会成为任何人"。

若你正在经历这份坎坷，那只有一个原因，说起来残酷也真实，"你只是不够优秀而已"。别去相信美丽可以拯救自己的全部缺点，也去指责这世界残忍的一面，很抱歉，现实里不会存在永久的吸引或同情，人总是头朝向更好的地方而忽视在低处挣扎的那些人，这是人类共有的特点。

也许你会问我，"一个女孩子，怎样才算是优秀的呢？"

我很难对这件事下一个确切的定义，但是看看身边令你心生佩服的女孩子，不难得出结论，她们的优秀，源自多金，美丽，健康，有气质，有文化，有一技之长。她们保持着两位数的体重，赚五位数的月薪，气质出众，谈吐睿智，生活向上，穿着高跟鞋，在这残酷的世界里，用理性的声音砸下一个个掷地有声的符号……

这些优秀，或许有点先天的关联，但什么都敌不过后天的努力，没有人可以天生完美，但努力，能够让我们越来越优秀。

我是"脚踏实地过日子"的忠实拥护者，不是命运的投机主义，深信女孩子趁着年轻时，多一点努力，就多一点收获，这世上再没有比这更划算的投资。

你坚持运动保持身材，就不用因为穿不进S码的衣服被人嘲笑；你会开车，就不用在下雨天麻烦别人送你回家；你会赚钱，就不用暗示男朋友给你买那个新款的手链；你工作出色，就不用被老板吆来喝去冒着失业的风险；你有房子，就不用忍受房东暴涨的房租和糟糕的态度……

无论什么时候，优秀都是一个女孩子的发言权，不管在哪里，能让你发声的机会，都潜伏在你的才能里。

我曾经发誓，如果变瘦了一定要站在曾经嘲笑我肥胖的人面前；如果有钱了，一定要再见一次讽刺我贫穷的人；如果找到更好的工作，就一定回到曾经受尽老板刁难的小餐馆……可是这些事啊，在我瘦下了换工作了口袋里多了几个硬币后，一直到最后都没有发生过。

我恍然大悟，这份来自社会的残酷，从来都不是别人的错，一个没有钱没有地位、没有学识的女孩子，还能指望一个陌生人拥抱你摸摸你的头再给你不离不弃的帮助？相信我，这世界从不会有强者对弱者无条件的资助，连爱情都未必能慷慨如此。

如今很少再去回想曾经受过的委屈，也谈不上过去的伤害是要感谢还是记恨，我已经慢慢理解，"没有时间浪费在没价值的人身上"，这只是人生的常态。这些激励我最终进步的伤害，为何不是人生的另一种转机？

我在这些"瞧不起"的眼神中，学会用一种沉默的姿态闷声努力着，我没办法拒绝这种负面能量的发生，但我终有一天可以让更美好的自己站在你面前，静静地告诉你，"我不是你想象中的，那么不堪一击的人。"

几个月前路过那家咖啡馆，那里依旧繁忙，我却没有停留。右手的伤疤还浅浅地留在小指上，那些苛责的话也没有忘怀，而我远远地看着那个忙前忙后的老板娘，在心底为她给我上的那堂课，深深地鞠了一个躬。

{ 你的态度决定
你人生的高度 }

"娜姐，你知道不，大春辞职了。"晚上我正在无聊刷朋友圈的时候，前同事小米的微信来了。

啥？大春？不可能吧？他敢辞职吗？

大春来自北方的一个老山区里，家里穷，学历也不是很高，他刚进公司时，听人事小妹讲也是费了九牛二虎之力，还搭上了各种人情才勉强进来了。

大高个，黝黑的皮肤，憨厚的长相，见谁都是憨憨一笑，让人觉得亲切，也很有喜感。

刚进公司实习的时候，小伙子能吃苦，表现也特别踏实，领导让他做个什么事情，绝对能放一百二十个心，虽然完成的时间比别人会长一点点，但他肯定会各方各面都给你办得妥妥的。

只是大春的老家不富裕，花钱上也比较仔细，是很节省着过日子的一个很懂事的小伙子。

而且家里还有一个弟弟一个妹妹，弟弟正在上大学，妹妹正在上高中，几乎都是指着大春这一份工资给养活的。在家里随时断粮的风险下，大春敢随随便便说辞职就辞职了？

我实在是有点好奇。

我马上发信息问小米，"大春干得好好的，怎么会突然辞职呢？再说这年头工作也不好找啊，这随便就把这么好一个工作给辞了，这马上能找到下家吗？他是不是疯了？"

小米发来一连串的呵呵，哈哈……

"娜姐，你还不知道吧？大春是跳槽了！"这下轮到我惊讶了。

跟小米好一阵八卦才知道，原来，大春是被他原本负责的销售区域的经销商开高价给挖走了。

年薪直接翻倍，为了工作方便，还直接给配了辆车，并承诺干满五年车子直接过户给大春。

从原来只单一负责一个品牌，跳槽到经销商那里老总直接就划拉给他公司现在代理的十几个一线大品牌并让他总负责品牌的经营管理与运作。

原来，自从大春从总部下分到市场之后，工作相当努力和细致，由于他算是跨行业的新手，面对一个全新的行业，很多工作并不好上手。

起初他也是跟着公司分配过来的几个大妈级导购细心学习，每天早早的到卖场，和导购们一起整理堆头，学习销售技巧，观察别的品牌的堆头亮点，改善自己产品的布置和陈列。

他特别勤奋，甚至每天比卖场的导购在堆头边上待的时间还要长。

渐渐地，他也有了一些自己的好想法和意见，并且提出自己的观点。

有一次，为了一个卖场里堆头的陈列和一个已经干了很多年的老导购争执起来，各持己见，互不相让。

最后闹到领导面前，两人都争得面红耳赤，领导最后决定以各自的意见分别陈列十天，按着这二十天的销售额来定论。

事情的结果是，大春的陈列更新颖更符合顾客的消费心理，当然销售额也更高。

这个世界需要充满各种不可能，因为这样我们才有机会去找到里面的可能。而天底下的事情很少有根本做不成的，之所以做不成，与其说是条件不够，不如说是由于决心不够。

大春每天开着他那辆破旧的二手小电驴穿梭在大街小巷铺市铺货，争取订单。

甚至为了提高自己的工作技能和沟通水平特意向领导申请自己掏腰包邀请更有经验的同事来他的区域或者去别人的市场交流学习。

而最让当时的客户头痛的是，当集团总部对销量有更高要求的时候，或者双方有不同见解的时候。

反正好说歹说客户都油盐不进的情况下，大春总像个甩不掉的牛皮糖一样，不说二十四小时守着他要求增加订单，基本上也是清早守在客户的家门口。

反正让老总早上出门见到的第一个人肯定就是带着一脸像熊大一样的憨憨的笑容的大春，再一脸笑容地好言好语地和客户去沟通销量。

所谓伸手不打笑脸人，虽说客户在被逼着下订单的时候也总是被憨直的大春给气得没了脾气。

但客户转身在公司开总结会时，私下里和相熟的公司领导见面的时候，对大春都是一百二十个的好评和满意。

不到一年时间，大春所在的市场区域的销售额节节攀升，甚至把好几个卖场打造成了样板，这下不用自己掏腰包，同事们为了跟大春学习取经也一窝蜂似的往他的区域跑。

大春渐渐成了公司的销售红人。

自己的生意销量好，赚到了钱，自己的市场打造成了样板，公司还有额外的奖励，腰包赚得鼓鼓的经销商在开会的时候也嘚瑟得不得了。

有的市场眼红了，想挖大春过去，甚至找到了公司的老板，说无论如何也要把大春给要到自己的市场去。

这下可把原来的经销商给急坏了，这小伙子虽说黏着人要求多下订单的时候是挺讨人嫌的。

但是中国人口虽多，真正能招上这么一个一心一意为公司，踏实肯干又努力上进、最重要的是还能为公司带来看得见的效益的销售员那是真的很难啊！与其被别人挖走，还不如直接自己给留用了！

于是才有了故事开头高薪挖角的一幕。

有人说，态度决定高度。

哈佛大学的一项研究表明，一个人的成功85%是由于我们的态度，而只有15%是由于我们的专业技术。换句话说就是：态度，决定事业的成功与否。

另一个小伙子小牛和大春几乎是同时进入同一个公司的。两个人的岗位也一样，同是销售，只是分在不同的销售区域里。

两人年纪相仿，小牛还是名校毕业，特别高大帅气的一个阳光大男孩。

在大春漂亮的跳槽之后的第二个月，小牛约我出来吃饭，他说，"娜姐，能不能让你姐姐帮我留意一下有没有好的机会？因为我觉得公司里现在人事好复杂，各种关系乱糟糟的，总感觉自己前途一片黑暗。"

因为我大姐也是从事的销售行业的，干了很多年，算是出了点成绩，在行业里也有点人脉。我笑了一下，没有答应，也没有拒绝。

我问他最近在忙什么呢？他告诉我，每天就是机械地到公司打卡报到，然后出门。反正你是在外干销售的也没有人跟着你监督着你，报到之后再找个地方打发时间，混过一天。

觉得眼下这个工作没什么意思，每天都是重复着前一天的事情，人过得像个复印机一样，不停地重复重复再重复。

我又问他，你这个月的销量完成了吗？他苦笑一下，对我吐槽，"这变态的领导，整天除了销压量就是压销量，你看我这市场分的不好，而且现在天气热，货卖不动，我能怎么办？

总不能拉着顾客不买不让走吧？反正没有人家好的市场完成得好，我现在过一天混一天呗。"末了，他还得意地告诉我，其实他也很上进的，没事的时候也报了个驾校，现在正在考驾照呢，多门技能，多条路嘛。

我听得摇了摇头，告诉他：这世上就没有任何一个工作不辛苦，也没有任何一处人事不复杂。

米卢来执教中国足球，中国足球人也一度看到了希望，他的一个重要的理念就是"态度决定一切"。

你抱怨工作不如意，前途没希望，可是你想过没有，你可曾认真地去推过那扇叫作努力的大门？

可曾把觉得无聊的时间去认真的地开发客户，钻研业务技能？你是否愿意主动去承担更多的工作，敢于面对更大的挑战？

你对你负责的工作是否敢于承担责任？你对领导安排的工作，或者自己负责的工作是否能够及时完成，或者马上推进？

工作是一个人安身立命，实现自我价值之所在。你如果在工作中一遇到困难就躲，碰见事情就推，躲得无影无踪，推得干干净净，事情最后都是不了了之。

当你看到和你同时出发的人都已经把你甩出了一个新高度的时候，你又开始责怪命运不公，时运不济。

有多少个夜晚，我们下定决心早起努力工作，可是又有多少个早晨，我们魔力般地赖在床上不能动弹？

如果你曾觉得生命里的每扇门都关着，那请记住这句话：关上的门不一定上锁，至少再过去推一推。

　　这个世界上，有才华的人很多，但是既有才华又有好的态度的人不多。能决定你人生高度的，不是你的才能，而是你的态度。

{ 好生活是：
善待自己，尊重生活 }

[1]

松浦弥太郎，被称为是"全日本最会生活的男人"。

在他创办的公司里，他对员工的要求是早上9点上班，下午5点半必须准时下班，周末也决不允许加班。多出来的时间，要用来陪孩子，和朋友看电影，或是在家做饭。

而他对于生活，一直坚持着自己的原则，并有着自己的"100个基本"。

他坚持一周买一次花，两周剪一次头发。

他坚持一年四个季节里，有四次不可错过的享受当季美食的机会。

在他的生活中，每一件细微的小事都有其重要的意义，也持续思考着什么才是生活中美的事物。

他珍惜、享受、体味独处的时间。在他的家里，他认为若增加一件东西，就想办法减去一件。而在寝具与家具上的花钱更不应吝啬。

平日在家中，他会用心地做食物，哪怕泡一杯燕麦片，煎一只荷包蛋，都值得被郑重其事地对待。

也会费些心思地购置一些小物件，摆在家中，享受着亲手创造的生活美感所带来的喜悦。

他所坚持的生活美学，在他接手的杂志《生活手帖》中体现得淋漓尽致。

他把用心生活当成自己的全部事业，用极致的生活仪式感愉悦着自己，也提醒着自己的每一个读者生活细节有多重要。

在我们的生活中，大多数时间都是平淡无趣又充满匆忙的焦躁。松浦弥太郎的生活之道在于他用认真庄重的态度看待生活里一切细琐又看似不重要的小事。

找到生活的情趣是对生活的尊重，也能让我们发现其中一些被遗忘的快乐。这些快乐，与财富的多少并无太大的关联。

缺乏对生活的敏感，生活中一些趣味盎然的瞬间或许就会被我们错过。比如你种植的绿萝在你新买的花瓶中伸展出来的一片还带着晶莹露珠的叶子，就能给你感受到那抹绿色带来的生机，或是夕阳西下时，照进房间里铺着的地毯上形成的一轮好看的光影，像是一幅画一样。

我们并不需要投掷千金买一盏华丽高贵的水晶吊灯；相反，一台简约花纹氤氲着暖光的落地灯，更能让我们感受到家的温暖。

找到生活的情趣是一种能力，生活就像加减法，我们该学会去掉一些不重要的东西，添进能增加生活味道的物品，一点一滴地构筑生活的乐趣。

[2]

村上春树创造了一个词——"小确幸"，指的是微小而确实的幸福，是稍纵即逝的美好。村上春树说他生活中的小确幸多得不得了，例如买回刚刚出炉的香喷喷的面包，他站在厨房里一边用刀切片一边抓食面包的一角，那一刻可以察觉到幸福；独处时，一边听勃拉姆斯的室内乐，一边凝视秋日午后的阳光在白色的纸糊拉窗上描绘树叶的影子。

他说，没有小确幸的人生，不过是干巴巴的沙漠罢了。

　　在节奏感快速的现在，很多人选择拼命工作，牺牲所有时间换取财富，为了追求外人看来高贵奢侈的生活。他们穿着光鲜亮丽，却以机器制造的食物果腹，用昂贵的粉底盖住厚重的黑眼圈。

　　可是，以我看来，奢侈感的生活并不是用昂贵的名牌包包或是带着耀眼Logo的鞋子才能堆砌出来。

　　每天早起一小时，和家人一起品尝用心准备的早餐；在一天忙碌的工作之后，回到家沏上一杯热茶，坐在温暖舒适的沙发上盘着腿，燃一炷熏香，看一本自己喜爱的小说，或是用自己精心挑选的珐琅锅为爱人炖煮一锅香气四溢的浓汤。

　　这些，未必不是真正奢侈的生活。

　　想起曾经在台湾环岛的时候，在台东住过的一家民宿。民宿老板是一对年轻夫妻，养着一只金毛猎犬。他们的民宿装潢简单，但每一处皆可看到主人的用心。散发淡淡香气的实木地板，干净洁白的纯棉床铺，桌上欲滴的鲜花，墙上挂着色调自然的壁画，每个角落一尘不染。

　　老板娘自己种植蔬菜和水果，清晨早早地到田园里采摘新鲜的西红柿与黄瓜，洗净后与鸡蛋简单翻炒，已然味美。早餐时间与他们闲聊，才知道他们俩都是从知名大学研究所毕业出来，曾经有着令人艳羡的高薪工作，最后却回到家乡，改造了父亲留下的老房子，作为民宿。他们每天在沐浴着日光的房间里醒来，在草地上与狗狗追逐跳跃，和来来往往住宿的陌生人攀谈，给花浇水，研究不同食物的做法。

　　他们说，城市生活并没有不好，只是繁忙的工作让自己没有时间停下来思考，忙碌的一切好像让生活越来越失去意义了。

　　老板娘说，生活是有仪式感的，我们想要尊重生命给予的一切，多去感受其中有趣的体验。正是我们看重的仪式感让生活成其为生活，而非简单快速的生存方式。在这里或许喧嚣热闹的街道，也没有浮光掠影的大商场，但我们可以在这里感受生命静静流淌的力量。也更明白了家的意义，就是和爱的人在一起，做我们想做的事。

即使我只是过往的旅客，也能在住着的那几日里感受到满溢的爱意，是那种叫作"家"的温暖。

[3]

在我心目中，生活的意义，是即使是一个人，也能把日子过出热气腾腾的情趣。这种对生活有着不停息的热烈感动，让我坚信让自己及生活的空间保持干净整洁，是对生活的尊重。有位女作家曾说过，衣要有衣的美妙，人要有人的精神，家要有家的样子。

我愿意盖着阳光晒过后的有着淡淡香味的棉被安然入睡，也愿意在周末起个大早，清洗衣服床单，把沙发和桌子整理清爽。

更愿意在阳台种几盆花草，养一只可以依偎在脚边的宠物，把住宅打扮得精致漂亮。

王小波曾说，"一个人只拥有此生此世是不够的，他还应该拥有诗意的世界。"过这种诗意的生活并不是矫情的造作，而是在庸常生活里让自己带一点格调与品位做事，把生活过得浪漫有趣，不让自己活得粗糙。

一个人生活品质的改善，并不需要多少钱来堆砌，更与地位无关。把日子过得精致了，才是你的本事。只有对生活不将就，才能把日子过成诗。

我有一个朋友H，这些年来虽然她一个人住，却把家住成了令人艳羡的样子。当年毕业后，她孤身来到这座陌生的城市里，租一间简单的房子，早出晚归。她说工作的操劳让她已经难以描绘生活的形状。

直到有一天她走进美克美家的家居店，冲着店员说的一句"不需要多么华美的装饰才能让家有家的样子呀，从细节改变生活方式，生活品质就大不相同了"，就冲动买了一座落地灯和一套单人沙发回去，以为添了两样家具她的小房间会显得逼仄局促，却没想到它们持续供应的温暖让她坚持守在这座以理想为出发点的城市五年。也让她开始喜欢上这种用"家的美学"来思考改变生活方式的生活情趣。

她说，风格别致、舒适整洁的房间，是开启我们新生活的序曲，每一件生活的琐事，即使是洗脸、刷牙、做饭、煮咖啡，都是建立起精致生活品质的一砖一瓦。

过一个有品质的生活，还要懂得时不时扔掉一些无用且旧的事物，增添新的物件。换掉沾满油渍的桌布，换掉昏暗刺眼的台灯，换掉被岁月抹去光彩的墙纸，换掉开启时会嘎吱作响的墙头柜……

过一个诗意的生活，是可以从一件一件的小事去实现的。

给自己布置一个优雅的客厅，摆上几盆绿色植物，铺上柔软的地毯。

收拾好卧房，因为这里是梦开始的地方。

在家里给自己开辟一个可以安静思考的空间，在这里看书，写字，听音乐。

过一个精致的生活，追寻生活品质的核心，并不需要我们付诸多少金钱才能实现，而是我们都该学会善待自己，尊重生活的能力。

{ 在时光里
品味成长的快乐 }

父母在电话那头问我，"生日了，想要什么礼物？"

按照往年的习惯，在我生日的时候，父亲会给我送有价值的书籍，母亲会送给我漂亮的冬装。记得在我幼年的时候，还一度失望于自己的生辰之日在冬天，我多么希望是在夏天呀，那样我就可以收到漂亮的裙子了。小时候，两件裙子就穿了好几个夏天，是那样珍惜。

母亲补充道，"你前阵子不是说电脑坏了，要重新买电脑吗？"

我着急了，"你们什么都不用给我送，书呀、衣服呀、鞋子呀，这些东西我都可以自己买。一台电脑好几千元，你们在小镇里攒上几千元要很长时间，我现在在大城市工作，很快就能挣到。不要把小镇里挣的钱放在大城市里用，不划算呢。"

我转念一想，笑着说，"要不，你们给我寄一封手写信吧，这就是我最想要的礼物了。"

大学期间，与父母一直保持着手写书信的来往，每一次收到家信，我都会泪流满面。信中满是对我的关怀、鼓励、指引，每一封信必会提醒我要早睡，熬夜对身体不好。父母在信中写过，他们最大的心愿不是女儿有多大的成就，不是嫁给高富帅，不是出版多少书籍，而是平安幸福地生活。

26岁这年，我懂得了去心疼父母，并且知晓了，精神上的关怀远比物质上的给予更让儿女在意。

这一年是我人生中很重要的一个转折点，研究生毕业之后，我应聘上了一所高校的专职教师职位，成为了一名大学老师，教授艺术设计专业。我的角色从一名学生转向为一名老师，这样一种社会角色的转变让我有了更多的责任与担当。

刚开始给学生上课的时候，我的声音很小，也毫无站稳讲台的气场，在一群大孩子面前，我自己反倒成了最羞怯的那一个。为了提升自己的授课能力与讲说技巧，我认真准备每一堂课，把每一次上课都当作锻炼自己的平台。我并不自卑，因为我相信超越自己需要的只是时间，更重要的是，我真心喜欢台下的学生们，他们明媚的笑脸、纯净的眼睛使人欢喜。相比去社会的森林中披荆斩棘，我更愿意每一天都面对着这一片片干净的湖泊。

一个学期下来，我用自己的能力站稳了讲台，连教学督导也称赞我，进步特别大。一份努力后获得认可的踏实，是比蜜还甜的欣喜。

教师这样一份职业，工作任务并不轻松，备课、授课、批改作业已占据一天中的大部分时间，回家之后还需要继续学习，在各方面提升自己。我认为自己是幸运且幸福的，因为教师有寒、暑假，几个月的假期我可以去我想去的地方，这让许多从事其他职业的朋友羡慕不已，即使他们攒下年假，也不过十几天的休假时间。我曾在旅途中遇到过很多为了一次说走就走的旅行而果断辞职的行路人，但作为教师的我大可不必如此。

在研究生毕业之前，我也是这样天马行空地幻想着，毕业之后我就去走天涯，一边旅行一边书写，过着阳春白雪的日子。这个幻想却被母亲扼杀在了摇篮里，她说，"不说父母吧，就说国家把你培养成研究生，你毕业之后不尽力去为社会做贡献，你觉得你心安吗？"当时心里很不服气，这世上还有职业叫"旅行家"呢！

现在想来，幸好听了母亲的话，走出校园之后才发现生活不仅仅只是风花雪月，还有柴米油盐酱醋茶，我除了继续坚持我的"写作梦"之外，还需要养活自己，并且要为一个家庭付出自己的那份担当。

我很热爱现在自己所从事的这份职业——教师，它可以让我实现大冰书里的一种生活状态"既可朝九晚五，又可浪迹天涯"。已订好了年末去往云南的机票，学校放假后，我将背上相机，在向往已久的地方用镜头记录下我眼中所见到的圣洁与美丽。

我18岁离开湘西老家，此后八年时间一直在大城市为了心中最初始的梦奋斗着。从四川达州到陕西西安到台湾台北，最后再回到西安。只身一人，靠着信念在大城市摸爬滚打地生活过来。性格里与生俱来的怯弱也让我吃过苦头、摔过跤、误入歧途、陷入过黑暗，跌跌撞撞一路向阳走着，依旧不忘记用一张笑脸去面对一切。哭泣的时候总是一个人躲在被窝里，难过也不会给远方的父母打电话倾诉，唯恐让他们担心。到后来也不哭了，再难再怕的时候狠着心咬咬牙也就过去了。年龄的增长让我逐渐懂得了，不管自己选择怎样的生活，都不许后悔，用一颗渐趋强大的心去应对一切。

内心里有了如同果核一样坚硬的存在，披荆斩棘只为保护里面那颗柔软美好的梦想。

每个月发了工资，我会在第一时间把一半的薪酬汇给父母，我可以少买几件衣服，减少一些不必要的应酬，因为我知道父母收到汇款的时候会是欣慰的，钱本身并不重要，我知道他们不舍得花钱，更重要的是他们知道女儿是有能力的。

余下的工资除了基本生活外，我还会用于学习，不断给自己"充电"。学习英语、钢琴、化妆，每一样都需要支付学费，算下来已是一笔不小的开支。我一直觉得，一个女人在学习上给予自己的投资才是最长远、最有效的，美貌会随着岁月更迭，但是自身的才华与能力却会像珍珠一样，在我们的生命状态中散发出越来越闪亮的光泽。

为了让自己有足够的资金用来"充电"，我在工作之余还做设计、拍摄、写稿。因为靠着自身的能力去挣钱，每一分钱自己都花得底气十足，但这份自豪背后却是要付出比常人多许多倍的辛苦与勤奋。T是我拍摄的第一位客户，其实她自己以前就是摄影专业毕业的，毕业之后曾在影楼工作过很长时间，有了孩子就成了全职妈妈。她说，找我为她拍照，是因为我就是她想要成为的那个人，她现在无法实现这些旧梦了，所以一定要支持我。活成自己心中的梦想，这样的信任与加持力让我倍加温暖。

带着她去终南山，她的女儿也来了。我为她们拍了亲子照。女童说，"妈妈，长大了你还要为我编辫子。等你老了，我还要在你身边，到时候我给你编辫子好吗？"她们眼神对望的目光里，是满满的爱。时常在这样镜头捕捉的片刻里，收获到触动心灵的感知。

每一天，我都在工作与学习中，忙碌且欢喜地度过。有很长一段时间，我都是工作到凌晨一点眼睛实在睁不开了才入睡。清晨五点又继续起来学习英语，开始一天的生活，平均每天只睡四个小时。也是因为那股持之以恒的狠劲，我在西安这座历史古城拥有了一片自己的天地，我的第二本书《当茉遇见莉》由作家出版社出版了，我的文字被更多的人喜欢，我的摄影得到了越来越多人的肯定，我的公众号被更多人关注，我的名字——李菁被更多人知晓……我会时常收到读者的留言，字字句句都是心疼与感激。原来，我对梦想的执着、对生活的热爱在潜移默化中感染了许许多多的朋友。

在尚且稚嫩的时候，我幻想着自己能成为一名写作者，或者成为一名教师，这些梦都实现的时候，我才明白，一个人存活在这个世界的价值不仅仅是完成自己的梦，而是要去帮助更多的人一起追梦。

表姐说，"你都26岁了，奔三的人了。"时间走得太快，似乎还没有停下来看看人生这趟列车外的风景，我已经长成大人了。

成长，意味着我们有了更多的责任担当，也会有更多的酸甜苦辣要尝，但是也会有更多不一样的幸福体验。

这些都是时光赠予我们，最好的礼物。

$$\left\{ \begin{array}{c} \text{你的能力才能够} \\ \text{支撑你的整个人生} \end{array} \right\}$$

一个人只有努力成为更好的人，才有资格任性，才有理由放肆，才有资本去选择追求自己想要的一切。

众人皆知，我和我老大素来"不和"。这种不和更多不是关系上的，而是思想上的。当初刚进公司的时候我就发现，我与他对运营的理解就有偏差，理念也不一致。

我思想更激进，更前卫；他则有些保守，不太敢突破。

因为我接触新媒体比较早，喜欢玩病毒营销，想靠用户主动分享去传播，然后再从大量用户中培养相关受众；他则更倾向于一开始就从目标受众做起，一点一点慢慢积累，一点一点稳步扩大。

当然我能理解他，因为传统的教育行业转型很慢，并没有用互联网的思维去思考问题，他稳扎稳打一步步走来，做得也很不错；很多时候他可以用经历来压人，我却无话可说。

而在他眼里，我可能也是冒失的，癫狂的，这我也清楚。

于是，我俩在会议室里吵架是常有的事。因为意见相左，或者态度不对，爆粗口也时常发生。

比如我说："产品就这屎样子，不投那么多钱，要那么多量，还想怎么推？"

他回："一点一点推。"

我驳："大哥，咱们是有KPI的。"

他反击："靠，产品就是屎，好的运营也能卖出去！"

我讥讽："行，您说得对。可就算是屎，咱怎么也得包装一下吧，玩个概念，换个口味吧？"

他坚持："再怎么换，产品的本质也不能变！营销的口味不能太浓！"

我无奈："我就不信了，还真有爱吃屎的人！"

……

我很少用感叹号，但我们对话的语气，除了这个标点我想不出其他的。每次我们基本总是在同一个观点上争执，来来回回就那几句话。

争执时常是好事，说明彼此重视。可时间久了，的确心烦意乱，没有心情做事。时间久了，我自然表现得有些消极。

不久，就被老大发现，于是又被拉出来单练。

"最近怎么不跟我吵了？"他瞄了我一眼，试探性地随口一说。

"吵有什么用？吵了也不被重视。"我顺着话茬，想要借气发气。

"没用就不吵了么，你的价值呢？"他反问。

"如果是你呢？你的意见不被采纳，你怎么做？"他反问，我也反问。

"我会继续坚持。因为我必须在团队里体现价值。"他这么说，其实我早有预见，促进员工积极向上嘛，谁不会？我心里暗自不服。

"别以为我看不出来你的反感。我又不是没在你这职位上待过。"还没等我的逆反心理酝酿彻底，他则当头一棒，"我跟你一样，上头也有人盯着，我的绩效跟你差不多。我的策略其实常常也是上头的策略，我有时也想尝试一下你的想法，但常常上头决策说不冒这个风险，那我有什么办法？"

他看了看我，突然语气又平和下来："你以为咱这个钱是这么轻松挣的吗？我们都不是决策者，所以实话告诉你，你挣的这些钱里，公司买的不单单是你的能力，还有你的忍气吞声。"

我憋了一肚子的火想要发泄，心想你要再跟我吵，我直接不干了。没想到老大直截了当的两句话，让我立马熄火，无力反驳。

"嗯，嗯。"我频频点头。我知道有些话是在安抚民心，不能全信；但他的这些，的确是亲身感悟，戳人肺腑。

原来我们都是一枚棋子，不是那下棋的人，更不是观棋的人。

许多道理我们可能平时也懂，但这种"懂"只停留在认知的层面，尚未通透。

这两天我不断思考这句话，越想越觉得他这句话说得太对。我以往自信满满，觉得公司选我，无非是看重个人能力，想要通过我的能力为他们获利。所以我才敢吵架，敢任性：是啊，我牛你能把我怎么样呢？

可单凭我一人，真的有力挽狂澜的本领吗？

没有，除非你是决策者。

那么企业找你来做什么？

做事，而且按照企业想要的方式去做事。

Bingo！企业是靠流水作业生存的，越大的企业越是，每个人更像是一枚小小螺丝钉，所以在他们看来，只要你保证运转正常，不怠工，不生锈，也就够了。

而能力嘛，呵呵，匹配即可。溢出来的部分，更多是为你自身增姿添色，体现你的个人价值，对于公司的整体运转，波动不大。

我曾待过的某家公司，整个营销团队内乱，30多人的团队基本上只剩三五人做事。

当初商量好一齐跳槽的人，都以为集体的负能量至少可以撼动集团。可到头来呢，不出一个礼拜，公司又引进一个新的团队来，虽然整个月的业绩受到了影响，但整个季度的利润却丝毫没变。

后来才知道，早在这次"内乱"之前，人力就已经准备"换血"了。

当然我不是说能力不行，只是你个人的能力，的确有太多的局限性。最常见的情况，是我们太容易高估能力，而忽略其他。这种过于自我的优越感一旦形成，便容易偏激，容易傲慢，最终误了自己的前程。

能力是基础，但相比于能力，很多公司更看重的是员工的执行力。这一点，小公司不明显，越大的公司越是看重。

而说到执行，这里面必然夹杂了太多的不情愿。包括工作量爆表，包括任务分配不均，包括生活、情感因素，包括老板的做事方式与态度，也包括上文所提到的，你的意见与上级领导的相左。

等等这些，你所承受的苦与累、劳与怨、仇与恨，都应该算你工资的一部分。这部分薪水，就是要你去克服你的负面情绪，往白了说，就是花钱买你的心情。

这很现实。上周我去见某出版公司的编辑，她也做了一些知名的畅销书，但让她头疼的是，她目前所在的出版公司，只对重量级的作者费心思宣传，却不会给未成名的作者太多资源，包括广告包括营销，有些书即便加印了，也不可能因此获得更大力度的推广。

在她看来，这种对于新人的不器重，便是她一直不能接受的事实。她一直认为，大红大紫的作者的书卖得好，并不能证明她自身的实力，把一个新作者做成红人，才算本事。

可如果你是决策者，那些知名作者或许会给公司带来足够的收益，无论品牌还是利润。

两者矛盾明显，各有苦衷。

但就目前的状况而言，她并不会走，原因很简单，接连跳槽于她发展不利。

那么这份工资里，除了她的能力以外，一定还有许多的隐忍和不情愿。

是啊，我们可以有骨气，但不必故意跟钱过不去。

好了，与你们说道了一番，劝解的同时，也是希望自己可以变得忍耐一些、理解一些。至少我现在的能力，还没有到达说走就走、走后无悔的地步。

我脑后一块反骨，生性不受约束，唯有寄托给岁月和见识，一点点去磨砺、去安抚。

其实教人妥协的我，是一个极其偏执任性的顽童。

因为任性，我吃过太多的亏，我深知倔强害人之深，所以才不想让你们如我一般，不着待见。

老总监一句话我至今记得：你这种人，生来骄傲，是别人眼中的刺；但你也有你的路，只不过一定要比别人更拼更卖命才行。

如今的隐忍，是为了将来游刃有余的改变。一个人只有努力成为更好的人，才有资格任性，才有理由放肆，才有资本去选择追求自己想要的一切。

一只站在树上的鸟儿，从不会害怕树枝断裂，它相信的不是树枝，而是自己的翅膀。一个敢做敢言的人，也不会轻易被环境左右，他相信的不是运气，而是自己的实力。

鸟儿的安全感，不是它有枝可栖，而是它知道就算树枝断裂它还可以飞翔。

人也一样，或许你有很好的家境，有朋友依赖，有金钱支撑，但这都不是你的安全感，这是你的幸运。

唯有自己内心愈发沉稳，身怀的本事才能够支撑你的整个人生。

{ 能力是
你最好的装饰 }

　　前几天参加一个活动，有位年轻的朋友和我聊天中讲，他跟随领导3年没被提拔，而他的新同事刚来半年就获升迁。他说，从客观角度看，论做人、能力、资历等方面，他是优于这个新同事的，但是新同事来了之后，领导显然更赏识，让他有些不解。

　　我让他给我看他领导、新同事的照片。我看了后，告诉他，他的新同事快速升迁是必然的！他很诧异地问我何故。我道出了原因，他恍然大悟。

　　作为一个过来人，我曾经在职场跌跌撞撞、潮起潮落、反复淬火，失去了很多，也错过很多。总结和反思过去，也曾感慨良多。而今我早已看淡一切，顺其自然，无甚奢望，专心做自己。有时遇到一些年轻朋友，和他们交流。多多少少感受到他们在职场迷雾中摸索的迷茫和不易。

　　我感觉在职场，个人工作能力之外，与领导的关系，是年轻朋友的主要困惑和问题。总结起来讲，无非就是如何认知领导和定位自己的问题。我觉得有必要借此将我的一些粗浅察悟，作以分享交流。

　　我认为，在职场中一个人要取得长久的成功，必须得满足三个方面的基本条件：一是品德，二是才干，三是时运。这三者中，品德和才干是前提和基础。

　　品德和才干是完全可以自我修为的，而时运则极难获取。千古以来，从不缺少贤才良将、仁人志士，而能跃然时代舞台、传芳历史的却少之又少。多少人因为时运不济，一生空怀才学，而埋没世间，壮志未酬！

在相同的生存环境、时代背景下，任何一位优秀的人才，都得有他的职场贵人，也就是他的伯乐。一般而言，一个人被上司所及时提携，则可以少走很多"原地打转"之路，从而踩上成功的鼓点。

我以为，在品德和才干修为的基础上，年轻朋友应该正确看待和把握时运，这样可为自己的成功，创造更多的"造化"之境。

当然，好的时运并不是人人可遇。一个人突然运气变得很好，遇到贵人或者好事，出现诸如"狗屎运"，这样的概率还是太小。对此，得有一个好的心态，要能正确积极面对。

就像本文开头所说的年轻朋友，他所遇到的困惑，其实从另一个角度看，是他的新同事与他的领导，从外形看，更相仿。新同事长相与他的领导确有几分相像，身材也是偏胖型，气质神采略同，而这个年轻朋友却与他的领导外形相似性差之甚远。

生活的实践告诉我们：人总是下意识地靠近一些与自己相似的人。相貌、外形、气质等相仿的人之间，可以产生良好的首应效应，倘若价值观也很接近，那么，人与人之间的吸引力必定倍增。

我有一个关系非常要好的朋友，前几年在单位处得很不顺，付出很多，却很难得到她所在的部门女领导肯定，工作费力不讨好，工作收获也甚微，而她的一位女同事，业绩平平，却时常得到这位领导赏识，对其信赖有加，部门的很多好事永远好像离不开她。

有次，我无意中看到我这位朋友的一张单位集体合影，是一张几十个人的大合影。我随口问她，哪个是你部门领导？她指着前排右侧一位戴眼镜、圆脸、身体胖的中年妇女说，是这位。她说完后，我看了一遍她所有女同事的照片，然后指着第三排的一位女的，对朋友说，你那位女同事应该是她吧！我这位朋友当时就大吃一惊，对我佩服得五体投地，说确实是她。因为，我从来也没有见过她这位同事和领导。

这是我从她的同事和领导外形相仿中断定的。这位同事不仅与她的领导长相、形态、气质相像，服饰的选择与搭配也相像，有一种主宾之间的呼应。虽然照片中，他们的站位较远，但是这么多相像的要素对应起来，神秘地产生着某种契合。类似这样的契合，很多并不是他们刻意而为，而是一种天然吸引。

作为职场之人，如果不是从事特殊的，专业性极强的工作，或者该项工作非他做不可，除此之外，一般情况下，如果与自己的领导不具有前述的天然吸引，那么自然不能获得更多时运，实现个人更多发展。

因为，领导者有一个重要的使命，就是把追随者培养成为领导者，在某种程度上，他们是教练，是导师。追随领导者的人，必然与之相像。一种情况是，与生俱来、先前所具有的相像，这是一种良好的机缘；还有一种情况是，后来所受到的影响，不断熏陶，或者刻意模仿，从而相像。

如果先前不具有这种相像的优势，其实也不用太着急，从长线效益看，之后其实也是可以改观，甚至获得的。

我讲一个曾经发生在我身上的小事。10多年前，我还在一线工作时，有一年参加单位技术比武，和很多业务素质很高的小伙伴同台竞技。比赛胜出的第一名要代表单位，参加分局全系统技术比武。大家摩拳擦掌，跃跃欲试，一比高下。

技术比武考试分为理论和实作两部分。理论考试完，大家的成绩都比较接近，取胜的关键要看实作考试的成绩。在实作考试环节，因为考试时间调整，我来不及回住所穿工作服，就借了一位小伙伴的工作服，匆忙参加应试，结果我应试发挥并不是很理想，而有几个小伙伴却正常发挥，成绩不错。但是，最后的比赛结果却出乎意料，我取得了单位该项目第一名的比赛成绩，获得单位"技术能手"称号。之后，我顺利参加了分局技术大比武，最终获得"技术能手"荣誉称号。

按照本文所述的情形，我与这个考官面相、外形、性情、经历等没有相似性，并且彼此还不认识。到底是什么原因使得他选择让我胜出？突如其来的幸运，让我不得不思索这其中的原因。

后来，我终于推测到其中的真正原因。幸运是来自那件借来的工作服！

这件工作服与单位的工作服有一些差别，是一所学校的学生实习工装，服装上面有该学校小小的logo标识。而这位考官据我后来了解，就是多年前该校的毕业生。很有可能是考官看到这个工装之后，误以为我也是毕业于这所学校，故而拉近了他的校友情结，无意识中给予一种关照。

当然，借给我衣服的那位真正校友没有胜出，是他的实作考试表现确实没有我好。在我们之间，这位考官选择了我。

讲这件事，是想说明，如果下属与领导没有外形、经历、性情等等天然的相似性，为了增加相似性，完全可以通过其他方面改善。经常可见一些现状，领导的喜好、习惯等，往往是下属模仿和追随的标尺。

当一个下属的神态、性情、爱好等与其领导越相像，就越容易获得其领导的赏识与信任。当然，要获得高级别领导的信任与赏识，价值观的吻合是必需条件。

多年以来，我一直觉得，这种主动吻合领导，形成相似性的做法是一种庸俗的关系学。但是，随着阅历增加，思考深入，我觉得还是要区别对待。如果以这样的形式，获得施展才华的机会和平台，得以更大程度造福社会，助力发展，为国为民服务，何尝不是一种良好的进取行为。

詹天佑曾经说过一句非常经典的话："如要做官，就不能做事；想做事，万不可做官。但官又不可不做。在现在之中国，没有经过朝廷给予你一个官职，你就没有地位，没有人把重要的事给你做。"

研究总结职场的成功人士，基本可以得出这样一个规律：专业性人才，往往是以不变应万变，专业制胜；综合性人才，却是以变化应变化，适应为王。

现实中，距离领导最近的往往是综合性人才，成长最快的也是综合性人才。但是综合性人才有一个致命的弱点：最有用，也最没用。所以，适应环境就是综合性人才的核心技能。

我认识一位老同志，他在一个20多万人的大国企做办公室主任工作，身居要职，但却能适应不同的领导，10多年的时间居然陪了8任老总，最终功成名就，安然退休。因为，每一位新来的老总，及新一届领导班子成员，他都能应付自如。

每一位不同样式的领导，都能从他这里感受到相似性和默契感，对他信任有加。他就像一位高超的艺术家，扮演着不同的配合角色，认真服务领导、企业和员工，悄然运转着这个大企业持续前行，而他真正的价值观在内心深处却从未改变，做人做事的良知和初心均在。

走过多年岁月洗礼，我的理解，职场对于绝大数普通人而言，就是一个谋生的场所，谈不上能实现安邦兴国的政治追求，辩证地懂得职场的法则，尽职尽责做好职责所系之事，获得必要的收获和报酬，就已经是成功。

总之，平淡和乐观地看待一切，顺其自然，不忘初心，我心光明，则无悔岁月！

｛怕的不是怀才不遇，而是你连才都不怀｝

[1]

朋友candy刚刚研究生毕业，师出名门，自然有着很高的心气儿，找工作更是挑三拣四。

从毕业到现在，不到半年时间，公司已经换了七家。

我问candy这么频繁地换工作的原因是什么。candy很委屈地对我说："我也不想这样啊，可是他们根本就看不到我的能力，每天给我安排的，不是整理文件，就是打印文件，甚至有个脾气很坏的老头还让我去给他买咖啡！这工作谁还干得了？"

我说："是不是觉得自己怀才不遇了？"candy用力地点点头。

我笑着说："我刚参加工作时，也做过端茶倒水、打印复印，干一些完全不用带着脑袋的活。但总要经过这个过程啊，你总不能让老板看着你这张诚恳的脸，就相信你能力出众吧？"

candy嘀咕道："可他也没有给过我机会，让我展现我的能力啊！"

我说："每个人或早或晚都会经历那么一段时光，比如忍受一些不能接受的人，做一些不喜欢的事，但是结果往往有意外的惊喜。职场上不能太急功近利，立竿见影的结果是要你的竿上升到一定高度才能出现的，而你现在还在水平面就想要见到影子，着急了些。人才是需要价值来体现的，在你还没显示自己价值的时候，你其实就只是一个买烟的、订盒饭的。换句话说，你的不遇一定是因为不才。"

[2]

所谓"怀才不遇"的人只有两类：一类是不懂得自我推销的人，这类人把自己埋在土里，等人来挖掘和赏识；另一类是不够优秀，不够努力，却自以为很优秀。

我想说的是，你总得做出些成绩，才能让人觉得你是人才啊！

如果你总是被质疑，被否定，那么请你反问一下自己，到底是"怀才不遇"，还是"怀才不够"？

总不能，才看了一天英语课本，明天考六级就要好成绩吧？

总不能，今天跑了3000米，明天上秤就希望能瘦10斤吧？

要知道，任何明显的改变，都需要时间的累积，需要一步步安静的努力，需要一点又一点"不那么明显"的付出，才能换得。

所以你要懂得，那些看起来光芒四射的人，他们一定是在黑暗的角落里暗自使劲，付出了许多无人问津的努力。

这世上，本就没有毫无理由的成功，即便是孙猴子，也是经历了几千几万年的风吹雨淋，才有了那石破天惊的横空出世。

[3]

当一个人陷于低谷，觉得世界上没有人理解自己、认可自己的时候，或许更应该想一想，到底自己有没有足够的努力，是否拥有足够的实力。

如果你不发光，别人哪有闲心在暗夜里去寻找你？如果你的光亮太暗，别人又凭什么要在那浩瀚星空里发现你、关注你？

如果你自己不能展露光芒，就别怪别人没眼光。其实，每个人都是一盏灯，它的瓦数是由你的实力决定的！可如果你一直都没有光，谁又会把你当盏灯呢？

所以，当你不被认可的时候，就请安静地努力吧，别抱怨，更别动不动就说把一切交给时间，时间才懒得收拾你的烂摊子。

[4]

不要抱怨自己没有一个好爹，不要抱怨自己的公司不好，更不要抱怨无人赏识。

抱怨其实是最没意义的事情。如果你实在难以忍受那个环境，那就暗自努力，练好本领，然后跳出那个圈子。

如果你有大才华，就去追求大梦想；如果你觉得自己的能力有限，才华也不够支撑起你的野心，那就安静下来，步步为营，逐渐积累。

如果需要反省，不要在梦想上找问题，而是要在才华上卧薪尝胆，反思它为什么不能日渐丰满。

请你记住：这个世界只在乎你是否到达了一定的高度，没有人会在意你以怎样的方式上去的——踩在巨人的肩膀，还是踩着垃圾，只要你上得去。

[5]

我知道，不被肯定的感觉，就像是被风刺伤一样，疼痛难忍，却又找不到凶手。这种疼痛感会让你的自尊心受挫，让你成为沉湎过去、沉醉孤独、虚度光阴的人。

可我想告诉你的是，是金子总会发光，你还没发光，是因为你的纯度不够；怀才不会不遇，而是你怀的才太少。

电影《港囧》里有一句台词很受欢迎："我嫉妒你，嫉妒你没有才华还能胡作非为。"

为什么嫉妒一个没有才华的人，是因为他自认为自己有才华，却没有机会把才华施展出来。实际上，施展不出来的才华，就像是冰箱里冷冻的肉，再怎么上等，久了也会变坏。你自以为有才华，就跟知道自己冰箱里有冷冻的肉一样，不是什么值得骄傲的事情，把那个才华拿来做成些什么，胜过存一堆酸臭的肉。

有一些人，读了几本书，懂一些理论，就以为自己是人才了，其实你只是知识和技能的储存器。不能对别人有帮助的才能，最多也只能是自己的装饰；不能施展出来的才能，顶多只能当作口若悬河的谈资。所以就别喊"怀才不遇"了。

还有一些人，明明只是努力了短短的一阵子，但一遇到困难、挫折，就各种忧伤、唏嘘，好像自己努力了很久一样。这也是为什么"怀才不遇者比比皆是，一事无成的天才随处可见"。

每个人的内心，都渴望被理解、被赏识。但我想告诉你的是，没有人会赏识一块烂木头，你要努力让自己开出花来，才有资格要机遇、要好运。

怕就怕，你横溢的不是才华，而是肥肉。